KB106609

독자의 1초를 아껴주는 정성!

세상이 아무리 바쁘게 돌아가더라도
책까지 아무렇게나 빨리 만들 수는 없습니다.
인스턴트 식품 같은 책보다는
오래 익힌 술이나 장맛이 밴 책을 만들고 싶습니다.

길벗은 독자 여러분이
가장 쉽게, 가장 빨리 배울 수 있는 책을
한 권 한 권 정성을 다해 만들겠습니다.

독자의 1초를 아껴주는
정성을 만나보십시오.

● ●

미리 책을 읽고 따라해본 2만 베타테스터 여러분과
무따기 체험단, 길벗스쿨 엄마 2% 기획단,
시나공 평가단, 토익 배틀, 대학생 기자단까지!
믿을 수 있는 책을 함께 만들어주신 독자 여러분께 감사드립니다.

홈페이지의 '독자마당'에 오시면 책을 함께 만들 수 있습니다.

(주)도서출판 길벗 www.gilbut.co.kr
길벗 이지톡 www.eztok.co.kr
길벗스쿨 www.gilbutschool.co.kr

예민한
아이의
특별한 잠재력

Mein Kind ist hochsensibel – was tun?
by Rolf Sellin
ⓒ 2015 by Kösel Verlag,
a division of Verlagsgruppe Random house GmbH, München, Germany

All rights rerved. No part of this book may be used or reproduced in any manner
whatever without written permission except in the case of brief quotations
embodied in critical articles or reviews.

Korean Translation Copyright ⓒ 2016 by GILBUT
Korean edition is published by arrangement with Verlagsgruppe Random house GmbH,
München through BC Agency, Seoul.

이 책의 한국어판 저작권은 BC 에이전시를 통한 저작권자와의 독점 계약으로 '도서출판 길벗'에
있습니다. 저작권법에 의해 보호를 받는 저작물이므로 무단 전재와 복제를 금합니다.

예민한 아이의 특별한 잠재력

롤프 젤린 지음 | 이영민 감수 | 이지혜 옮김

길벗

예민한 내 아이,
네 모습 그대로 살아라

공자는 나이 50을 '知天命(지천명)'이라 불렀다. 하늘의 뜻을 알아 타고난 운명에 순응하는 한편, 하늘이 만물에 부여한 최선의 원리를 알아 더 이상 주관적 세계에 머무르지 않고 객관적이고 보편적 세계에 다다름으로써 성인의 경지에 들어선다는 뜻이다.

공자의 말마따나 나도 이제 나를 제대로 알 수 있게 된 것일까? '상담'이라는 친구에게 자꾸만 더 빠져드는 내 모습을 보게 됐으니 말이다. 때로는 맘에 들지 않아 떼어놓고 싶기도 했고, 왜 친구로 선택했는지 스스로 원망한 적도 많다. 하지만 함께 산행을 시작한 것이 엊그제 같은데 그 친구는 어느새 내 삶의 반을 차지하고 있다.

물론 "도대체 나는 왜 상담하길 좋아하고, 왜 이 길을 가고 있나?"라는 물음을 아직 붙들고 있는 것을 보면 지천명의 경지에 다다르지는 못한 듯도 하다. 그런데 이 책《예민한 아이의 특별한 잠재력》에서 나는 내 질문에 대한 나름의 답을 찾았다. 이 책을 통해 내 속에 숨어 있던 예민함을 새롭게 바라볼 수 있게 되었기 때문이다. 그래서 나는 이 책이 감사하다. 내가 지닌 예민함을 올바르게 직시할 수 있는 마음의 용기를 전해준 것 하나만으로도 나는 이 책에 감사한 것이다.

사회적으로 예민한 성격을 경계하고 터부시하는 분위기가 강해서 그렇겠지만, 흔히 예민한 사람은 심약하거나 심지가 굳지 못한 사람으로 받아들여져 보호의 대상이 되곤 한다. 또한 예민한 사람은 내성적이고 수줍음이 많을 것이며, 외톨이일 가능성이 클 것이라고 생각하는데, 아마도 이는 예민한 사람들이 보이는 까탈스러움이나 민감한 반응 때문일 것이다. 그러나 이러한 생각들은 예민함에 대한 잘못된 이해 때문에 생긴 선입견일 뿐이다.

한편, 예민한 사람은 타인에 대한 생각도 남다르기 때문에 다른 사람들을 지나치게 배려하기도 한다. 그 과정에서 자신의 예민함을 약점으로 이해하고, 이를 꼭꼭 숨겨 내면 깊숙한 곳에 숨겨버리는 왜곡된 방향으로 나가기도 한다.

이 글을 쓰는 필자 또한 그 '왜곡된 방향'의 표본이라 할 수 있다. 나의 예민함이 선천적인 것인지 후천적인 것인지는 명확하지 않다. 단 이 책을 통해 예민한 내가 다른 이에게 피곤한 사람이 될 수 있다는 직접·간접의 경험과 걱정 때문에 '나 느끼기'를 차단해버리고, 대신 남들의 욕구에 민감해하면서 그것들을 충족시키려 무던히도 애썼던 젊은 시절을 회상하게 되었다. 아직도 내 안에 상처의 흔적들이 파편으로 남아 있음을 깨달을 수 있었기 때문이다.

오감 및 육감을 통해 다른 사람들보다 더 많이 느끼는 '정보'에 압도되고 혼란스러워지는 것이 두려웠던 젊은 시절, 나는 더 이상 그것들을 느끼기를 거부했었다. 대신 남들이 보기에 단순하고 편안한 사람이 되는 것을 선택함으로써 나 스스로 나의 예민함을 불편한 것으로 간주하는 한편, 그 예민함을 단순화시켜버렸다. 하지만 이렇게 예민함을 숨겨버림으로써 나는 나를 나답게 표현하지 못하게 되었고, 많은 심리적 에너지를 나 자신보다는 다른 사람을 신경 쓰는 데 사용함으로써 결과적으로 매사에 전전긍긍하고 나약한 나를 만들어버리고 말았던 것이다.

그런데 남에게 피해를 줄 것이라 생각했던 나의 예민함은 상담이라는 친구를 만나고부터 긍정적 에너지로 바뀌었다. 남을 느끼고 이해하고 그들의 보이는, 또는 보이지 않는 모든 면을 자세히 살펴 그들이 말하고 싶으나 말하지 못하는 핵심을 찾아가는 복잡다단한 길인 상담이라는 친구가 나의 예민함을 숨겨야 할 것이 아닌, 더없이 소중한 장점으로 만들어준 것이다.

상담이라는 친구를 통해 상담하는 순간만큼은 내 모든 신경을 내담자에게로 향할 수 있게 하는 것이, 내가 그들의 일거수일투족을 헤아리고, 이해하고, 적절한 반응을 할 수 있도록 하는 것이 오롯이 나의 예민함 덕분이라는 사실을 깨닫게 된 것이다.

이 책 《예민한 아이의 특별한 잠재력》에서도 언급되듯 예민함을 지닌 각 분야의 전문가들은 자신의 영역에서 나름의 역량을 발휘하곤 하는데, 이때 그들이 지닌 예민함은 중요한 역할을 한다. 나의 예민함이 일상생활에서는 별로 나타나지 않지만 상담 분야에서만큼은 잘 발휘됨으로써 적어도 나에게 있어서만큼은 중요한 역할을 하는 것처럼 말이다.

그럼에도 나는 여전히 정보가 너무 많은 것은 부담스러워하고, 특정 영역을 정해 몰입하려는 성향을 갖고 있다. 이 책에서 말하듯 내 머릿속 검열 가위가 어떤 특정 영역에 대해서는 거부의 날을 세우는 것인지도 모른다. 예민함을 숨기려 했던 나의 오래된 타성이 만든 가위 하나가 여전히 상처의 파편으로 내 안에 남아 있는 것인지도 모른다.

이 책은 내가 새롭게 깨달았듯 예민한 아이를 둔 부모에게 아이의 예민함이 걱정해야 하는 부정적인 것이 아니라 오히려 그 아이만의 귀한 능력이자 숨겨진 보물임을 낱낱이 파헤쳐 알려줌으로써 아이의 예민함에 대해 새롭게 생각하게끔 해준다.

한편 책에서 말하듯, 아이가 예민한 경우 적어도 부모 중 한 사람은 예민할 가능성이 큰데, 이 책은 그런 예민한 부모에게 자신의 예민함이 자라는 과정에서 어떻게 발휘되고 인정되었는지, 또는 어떻게 숨겨지고 왜곡되었는지 살펴볼 수 있게 도와준다. 그럼으로써 아이의 예민함을 더욱 객관적으로 볼 수 있게 하고, 더 잘 도울 수 있게 해준다.

특히 예민한 기질과 그로부터 발생하는 특별한 인지능력을 장점으로 만들고 이를 의미 있게 활용하는 방법을 설명하고 있는 이 '예민함 사용설명서'는 예민한 아이들에 대한 올바른 이해뿐만 아니라 실생활에서 아이들을 어떻게 도울 수 있는지 구체적이고 상세하게 알려주는 아주 훌륭한 매뉴얼이다. 또한 '인지한 것과 거리 두기'는 예민한 아이나 부모 모두에게 예민함에 압도되지 않고 그것을 승화시켜 나갈 수 있게 해주는 더없이 좋은 방법이다.

사회적 통념으로 아이의 예민함을 보지 말고 새로운 시각으로 아이를 바라보아야 하며, 예민한 아이들을 대하는 '부모 자신만의 방식 찾기'를 고민하라고 권하는 저자의 말은 책을 덮고 이 글을 쓰는 지금까지 큰 울림으로 남는다.

아이의 예민함을 장점으로 만들고 이를 극대화시킴으로써 얻을 수 있는 행복이라는 열매는 인내와 포기하지 않는 노력의 산물이다. 쉽지는 않겠지만 내 아이의 예민함을 승화시켜 장점으로 만들 수 있는 안목과 자세와 능력이 나에게 있다는 믿음을 갖자.

이 책은 그런 믿음을 더욱 확실하게 뿌리내릴 수 있도록 도와줄 것이다. 내 아이가 예민한 그대로 세상과 마주해 당당하게 살 수 있도록 함께 고민하고, 길 찾기를 해줄 것이다. 그러니 특히, 책 끝에 정리된 스무 가지 팁들을 기억하고 실천하여 아이가 '예민한 너답게' 살도록 격려해주고 이끌어주길 바란다.

이영민 (서울아동청소년상담센터 소장)

차례

제2부 예민한 아이를 위한 부모의 역할

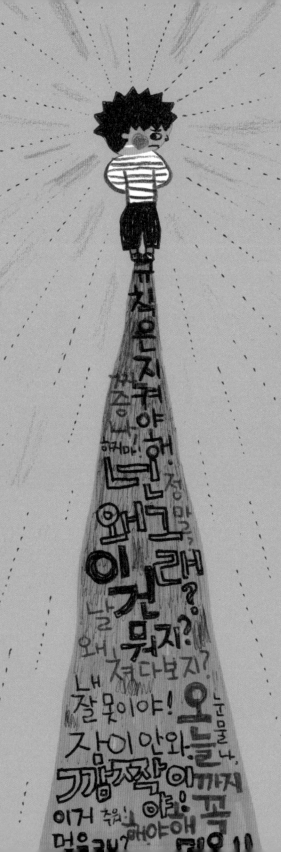

제1부

어떤 아이가
예민한 아이일까?

: 1장 :

예민한 아이의
특징은 무엇일까?

내 아이는 예민한 아이일까?

예민한 아이의 행동	예	아니요
• 아이가 또래에 비해 잘 놀라는 편인가?	☐	☐
• 혼자 또는 다른 사람들과 놀 때 차분한 놀이를 더 좋아하는가?	☐	☐
• 자발적으로 다른 사람들을 배려하는가?	☐	☐
• 누군가 부당한 대우를 받는 것 같으면 불쾌해하는가?	☐	☐
• 간식이나 장난감을 기꺼이 친구들에게 나누어주는가?	☐	☐
• 자신에게 매우 엄격한가?	☐	☐
• 자신에 대한 엄격한 기준을 충족시키지 못하면 괴로워하고, 분노하고, 소리치며, 날뛰고, 닥치는 대로 물건을 집어 던지거나 부수는가?	☐	☐
• 자신에 대한 엄격한 기준에 한참 동안 집착하는가?	☐	☐
• 아주 작은 변화, 가령 사소한 집 안의 변화 등을 놓치지 않는가?	☐	☐
• 가족 내에 갈등이 생기면 수면 장애나 식욕부진 등의 반응을 보이는가?	☐	☐
• 다른 아이가 야단맞거나 비난받는 것을 보면 마치 자신이 그런 일을 당한 것처럼 반응하는가?	☐	☐
• 다른 사람들 사이에 문제가 생기면 중간에서 화해시키려 애쓰는가?	☐	☐
• 상대방의 입장에서 생각하려 하는가?	☐	☐
• 나이가 어린데도 다른 사람들이 무엇을 필요로 하는지 잘 파악하는가?	☐	☐
• 관찰력이 뛰어난가? 관찰하는 대상에 완전히 사로잡혀 집중하는가?	☐	☐
• 규칙을 잘 지키는 성실한 아이인가?	☐	☐
• 다른 이를 위로하려 하는가?	☐	☐
• 남들에게는 관대하면서도 스스로에게는 엄격한 잣대를 들이대는가?	☐	☐
• 실수를 저지르면 심하게 자책하는가?	☐	☐
• 이따금 나이에 비해 일의 진행 과정을 깊이 생각해 이해하는가? 그러다가도 이내 순진하게 남의 말에 잘 속아 넘어가는가?	☐	☐
• 부모의 양육방식을 실제보다 더 진지하게 받아들이는가?	☐	☐
• 음악, 동화, 자연, 동물 체험학습에서 강한 인상을 받고 대상에 완전히 몰두하는가?	☐	☐
• 지나치게 강한 인상을 받으면 불안해하며 별안간 짜증을 내는가? 평소답지 않게 공격적이 되거나 아니면 무감각해지는가?	☐	☐
• 아이의 부모, 형제, 조부모 중 예민한 기질을 지닌 사람이 있는가?	☐	☐

스물네 개의 질문 중 절반 이상에 '예'라고 대답했다면 여러분의 자녀는 예민한 아이다. 다만 이것은 부모의 자의적 판단임을 잊지 마라. 현재 부모나 아이가 아프거나 다른 문제가 있는지에 따라 결과는 달라진다.

아이는 예민하거나 그렇지 않거나 둘 중 하나다. 이는 특정한 기질을 가졌느냐 아니냐므로 중간 단계란 없다. 다만 상황과 감수성에 따라, 또는 추가적인 문제로 인해 더 강하게 나타날 수는 있다. 혹은 위기 상황에서 일시적으로 예민한 행동을 보이기도 한다. 그러나 애초에 예민한 기질을 타고난 아이는 평생 예민한 채로 살아간다.

'예민하다'라는 말에는 여러 가지가 포함되어 있다. 먹는 것, 듣는 것, 보는 것, 만져지는 것, 심지어는 다른 사람의 생각을 느끼는 것 등 모든 감각이 다른 사람보다 강하다는 것이다. 그러다 보니 아이는 민감하게 반응할 수밖에 없다. 이렇게 모든 것에 민감하다 보니 자신이 느끼는 모든 것에 예민하게 반응한다.

앞의 체크리스트는 엄밀히 말해 예민한 아이의 본질에 대한 묘사라고도 볼 수 있다. 예민함은 다양한 기질 중 하나지만 오늘날에는 특히 더 주의가 요구된다. 예민함은 다른 성향이나 재능과 함께 나타나기도 한다. 단순히 그냥 예민한 아이란 없으며 각양각색의 예민한 아이들이 존재한다. 다만 특별한 인지능력이 있다는 점만은 모든 유형의 예민한 아이들에게 공통으로 나타나는 현상이다.

많은 부모가 예민한 아이를 어떻게 대해야 할지 몰라 나에게 불안한 목소리로 상담을 요청해온다. 이들은 간혹 아이가 유치원이나 학교에서 문제를 겪기라도 하면 안절부절못하기도 한다. 아이가 너무 예민하다느니, 또래 아이와는 다르다느니 하는 보육교사나 교사의 말을 듣고 전화하는 부모들은 그보다 훨씬 많다.

이런 부모들은 예민한 기질을 고치거나 아예 없애버릴 치료법이 있을 거라고 은밀하게 기대하기도 한다. 하지만 그런 치료법은 없다. 예민한 기질은 병이 아니다. 어떤 문제도 생기지 않는다. 예민함은 타고난 기질이며, 따뜻한 눈으로 바라보면 재능이기도 하다.

아이와 더불어 본인도 예민한 기질이 있는 것은 아닌지 고민해보는 부모는 정말 드물다. 어떤 엄마 아빠는 자신에 대해서는 생각조차 해보지 않는다. 하지만 다른 모든 기질과 마찬가지로 예민함도 유전된다(어떤 외상이나 특수 환경에 의해 예민한 기질을 갖게 될 수도 있지만 어린아이들에게는 이런 경우가 매우 드물다).

세대를 건너뛰어 나타날 수도 있는 유전적 원인 외에 사회적 영향도 물론 크다. 부모는 유전자뿐만 아니라 아이를 키우면서 양육 태도를 통해 예민한 기질을 물려줄 수 있다. 그러면 부모는 아이와 자신의 예민한 기질에 어떻게 대처해야 할까?

부모는 아이의 안녕을 위해서라면 어떤 수단이라도 쓰고 무엇이든 할 준비가 되어 있다. 하지만 정작 부모로서 자신이 어떤 마음가짐을 가져야 하는지, 자신의 성향을 어떻게 조절해야 하는지 묻는 부모는 거의 없다. 부모(혹은 양육에 큰 역할을 하는 교사, 보육교사 등)의 마음가짐이 아이 성장에 가장 큰 영향을 미치는데도 말이다.

아빠나 엄마가 보여주는 모습을 통해 아이는 자신, 그리고 자신의 특성을 대하는 태도와 인지 방식을 갖게 된다. 아이가 자신과 자신의 본질을 부정할 것인가? 아니면 이를 자아계발에 활용할 것인가? 예민한 기질로 인해 부모가 겪었던 문제를 다음 세대에게 그대로 물려줄 것인가? 나아가 부모와 자녀가 겪는 문제가 서로의 관계를 한층 악화시키는 것은 아닌가? 이런 질문들은 매우 중요하다. 따라서 나는 이 책에서 예민한 아이들뿐 아니라 예민한 부모, 교사, 보육교사들에 관해서도 다루고자 한다.

예민함은 잘못된 게 아니다

어떤 아이가 예민하다는 것은 그 아이가 다른 아이보다 더 많은 자극과 정보를 강렬하게 받아들인다는 의미다. 말하자면 찻잔만이 아니라 그 너머 찻잔 속까지 들여다볼 줄 안다는 것이다. 심지어 다른 이들의 찻잔 속까지! 그러다 보면 곧잘 상대에게 감정을 이입하기 때문에 아직 어려도 남을 잘 이해하게 된다. 물론 아이가 받는 자극의 양도 그만큼 많아지고, 결국 그 강렬한 인상을 정신적으로 소화해야 하는 어려움이 생긴다. 따라서 예민한 아이에게는 모든 일에 더 많은 시간이 필요할 수 있다.

예민하다는 것은 그 아이가 약하고 운동신경이 부족하고 마음이

군건하지 못하다는 의미가 아니다. 어른들이 애지중지 감싸며 세상으로부터 보호해주어야 한다는 의미는 더더욱 아니다. 또 예민하다고 해서 반드시 내성적이고 수줍음이 많거나 외톨이인 것도 아니다. 세상에는 예민하면서도 활동적이고 튼튼하며 외향적인 아이들도 있다. 예민함이 다른 기질과 섞일 가능성도 무궁무진하다. 예민하다고 해서 아이가 반드시 힘들 것이라고 생각하거나, 다른 사람에게 거부당하고 소외될 거라고 여길 필요는 없다. 물론 예민한 아이들이 모두 뛰어난 머리와 예술적 재능, 심지어 육감을 지녔을 거라는 믿음도 근거 없기는 매한가지다.

한마디로 아이가 예민한 기질로 판명되더라도 그다지 걱정할 필요는 없다. 동시에 그것을 이상화시키고 아이를 특별한 존재로 여기며 지나친 기대를 품는 것도 어리석다.

한 조사에 의하면 예민한 기질의 사람은 인류의 15~20%에 달할 정도로 흔하다. 모든 민족과 문화에서 골고루 나타나고 언제 어느 시대든 존재했기 때문에 이를 일종의 문명화나 퇴보현상으로 여겨서도 안 된다. 예민한 기질은 심지어 동물의 세계에서도 목격되며, 이 기질을 지닌 동물들은 생존하는 데 좀 더 유리하다.

아이가 예민한지 아닌지 걱정하는 부모는 부정적인 상상부터 한다. 이래서는 객관적으로 접근하기가 힘들다. 아이가 계속 실패하고, 주류 사회에 끼지 못하고, 아프거나 히포콘드리아^{hypochondria}(자신이 병에 걸려 있다고 여기며 두려워하는 상태-역주), 히스테리, 우울증, 두려움과 공포에 시달릴 것이라는 상상을 자주 한다.

왜 이런 상상을 할까? 아마 실제 이런 삶을 사는 예민한 사람이 주위에 있기 때문인지도 모른다. 물론 그런 경우가 있기는 하다. 예민하면서도 타고난 재능을 잘 활용하는 사람들은 두드러져 보이지 않지만, 예민한 기질이 문제가 되는 경우는 금세 눈에 들어오기 때문이다. 번 아웃 증후군(신체적·정신적으로 모든 에너지가 소모되어 무기력증이나 자기혐오, 직무거부 등에 빠지는 현상이다-역주)에 시달리는 직장 동료, 스트레스 때문에 조기 퇴직한 교사, 극히 일상적이고 사소한 골칫거리에 엄청난 재난이라도 닥친 듯 호들갑 떠는 이웃 여자 등이 그 예다.

이들은 자신의 기질을 받아들이기보다 부정하며, 적절히 조절할 줄 모른다. 예민한 기질을 고치려 수십 년 동안 고군분투하다가 모든 힘과 통제력을 잃는 위기의 순간 부정적인 형태로 드러나게 된 건지도 모른다. 다시 말하지만 예민한 기질은 일종의 재능일 수도 있다.

예민한 아이의 특별한 능력

부모는 무엇보다 아이의 장래 생활력을 걱정한다. 그런데 예민함이 다른 재능이나 능력과 결합할 경우 직장생활에서 커다란 장점으로 작용할 수 있다. 예컨대 상사나 동료, 고객을 대할 때 예민한 사람은 일반인들이 커뮤니케이션 훈련을 통해 어렵게 배우는 것을 일부러 배우지 않아도 된다. 상대방의 처지에서 생각하는 법, 타인의 시각으로 세상과 자기 자신을 바라보는 법 등을 이미 알고 있기 때문이다.

예민한 사람은 이런 능력을 타고났다. 그래서 남을 잘 이해하고, 관심사를 쉽게 포착하며, 그들이 필요로 하는 것을 매우 정확하게 파악한다. 또 보통 사람들이 쉽게 놓치는 숨은 의미나 뉘앙스를 알아채 말하지 않은 것까지 간파할 때도 있다. 누구는 어떤 태도로 대하는 것이 가장 좋고 누가 신뢰할 만한 사람인지 판단할 수 있는 것이다. 예민한 인지능력이 인생에 플러스가 될지 마이너스가 될지는 이를 어떻게 활용하느냐에 달려 있다. 여러분은 예민한 기질로 인해 느끼게 되는 수많은 자극이 부담스럽고 괴롭기만 한가? 아니면 이를 기꺼이 받아들여 일종의 레이더같이 섬세한 감각기관으로 활용할 수 있도록 의식적인 노력을 기울이는가?

예를 들어보겠다. 어느 예민한 변호사는 의뢰인이 모든 진실을 털어놓지 않았음을 간파한다. 그저 인지하는 데 그치지 않고 적절한 기회를 틈타 적절한 어조로 의뢰인에게 이 점을 지적한다. 결국 그때까지 덮여져 있던 사실관계와 세부사항들이 변호에 결정적임이 밝혀진다.

한 예민한 갤러리스트^{Gallerist}(갤러리를 열고 전시를 주관하는 딜러-역주)는 젊은 예술가들의 잠재된 창의력을 일찌감치 간파할 수 있는 재능 덕분에 갤러리스트로서 성공을 거둔다. 무엇이 예술가들을 움직이며 어떻게 까다로운 예술가들에게 다가가야 하는지 알기에 그들도 기꺼이 그와 일하고 싶어 한다.

예민한 메카트로닉스^{mechatronics}(기계공학과 전자공학의 합성어로 이 기술을 응용해 어떤 목적에 적합한 시스템을 구성하는 기술-역주) 기사는 컴퓨터의 어디에 문제가 있는지 동료들보다 쉽게 찾는다. 예민한 성격을 활용해 아주 세세한 부분까지 정확히 인지할 수 있기 때문이다.

예민한 사업가는 생산현장에 나갈 때마다 어느 부분이 잘못 돌아가고 있는지 예리하게 포착한다. 그리고 적절한 순간에 이를 보완해 상황이 악화되는 것을 미연에 방지한다. 나아가 탁월한 해결책을 제시해 상황을 역전시킬 수도 있다.

예민한 고위 간부 비서는 자신을 회사에서 꼭 필요한 존재로 만들 줄 안다. 조율과 조정의 대가로 상사에게 정확히 어필할 줄 알기 때문이다. 또 사내에 문제가 생기면 이를 재빨리 포착하고 갈등이 확대되지 않도록 만든다. 상사 역시 항상 필요한 서류를 제때 준비해두는 비서를 보며 감탄하게 된다.

예민한 운동선수는 능력의 한계를 예리하게 감지한다. 무리하지 않는 훈련량과 컨디션 조정으로 늘 최적의 능력을 발휘할 수 있도록 한다.

셜록 홈즈^{Sherlock Holmes}와 제인 마플^{Jane Marple}(애거서 크리스티의 소설에서 탐정 역할을 하는 노부인-역주)에게 예민한 인지능력과 후각이 없었다면 어땠을까? 사건 해결에 결정적인 작은 단서와 세부사항을 놓쳐 수사가 힘들었을 것이다.

물론 세상 사람 모두가 운동선수나 전문 수사관인 건 아니다. 그러나 자세히 들여다보면 지극히 평범한 삶에서도 예민한 기질은 장점이 된다는 사실을 알 수 있다. 다만 본인이 이런 특성을 받아들이고 적절히 활용하는 법을 배울 경우에만 이 능력은 하나의 재능으로서 빛을 발하게 된다.

예민함을 어떻게 활용할 것인가?

인류 탄생 초기에도 예민한 기질이라는 유전인자가 존재했다. 우리 조상들이 작은 무리를 이뤄 사바나 초원을 돌아다니던 시대에는 예민함이 생존에 유리하게 작용했다. 사냥할 때 동물의 흔적을 읽어내거나 생태적 지위(어떤 종이 번식할 수 있는 서식지 또는 생물학적 위치-역주)를 확보하기 위해서는 광범위하면서도 정확한 인지능력이 필요했기 때문이다. 다른 생명체가 자신을 지켜보거나 노리고 있는지 육감적으로 알아내는 능력 역시 생명을 보전하는 데 필수적이었다. 예민한 이들은 사방에 도사리고 있는 위험요소를 먼저 감지하고 다른 이들에게 경고해줄 수 있었기에 구석기시대에는 무리에서 파수꾼 역할을 도맡아 했다. 오늘날에도 이런 부류는 특정 집단 내에서 위험요소를 미리 감지하고 경고하는 역할을 하며, 남다르게 섬세한 인지능력으로 집단에 큰 기여를 한다.

그러나 미디어 시대에는 예민한 기질이 장애요소가 될 수도 있다. 오늘날 우리에게는 사상 유례를 찾아볼 수 없을 정도로 많은 양의 정보가 밀려든다. 더불어 삶의 모든 영역에서 가속화가 진행되고 있다. 예민한 사람들은 변화에 적응하는 데 남들보다 많은 시간이 필요하기에 이러한 상황이 특히 부담스러울 수밖에 없다.

예전에는 예민한 사람의 기질이 큰 문제가 되지 않았다. 그러나 요즘에는 자신의 특성과 남다른 인지능력을 제대로 알아야 한다. 그래야 원래 장점이었던 기질이 단점으로 전락하는 상황을 방지할 수 있다.

예민한 사람은 먼저 이러한 기질을 특별한 선물로 받아들이고 소중히 여기며 감사하는 마음을 가져야 한다. 선물을 풀어놓고 더욱 가까이에서 들여다보며 익숙해지도록 노력하는 것도 좋은 방법이다. 최신 기기를 선물 받았을 때 망가뜨리지 않도록 사용설명서를 꼼꼼히 읽어보는 것과 마찬가지다. 안타깝게도 사람에게는 품질보증서나 사용설명서가 없다. 이런 것들을 가지고 태어나지 않는다. 그러니 정보의 홍수 시대에 예민함이라는 기질을 어떻게 활용할 것인지 알기 위해서는 전문가의 안내가 필요하다.

바로 이 책이 지금껏 존재하지 않았던, 그러나 우리 시대에 꼭 필요한 '예민함 사용설명서'다.

심리치료 시간에 나는 예민함이라는 선물을 거부한 성인들을 만나게 된다. 아마도 예민한 성격을 경계하거나 터부시하는 분위기 때문에 이들은 선물을 거부하고 부정하느라 아예 풀어보지도 않았을 가능성이 크다. 그러나 사람의 본질적 특성과 재능은 외면한 채 내버려둔다고 해서 사라지거나 하지 않는다. 예민함은 영원히 그 사람의 일부로 남아 있다.

예민한 사람이 이를 장점으로 활용하지 못하면 오히려 약점이 되어버린다. 나아가 파괴적으로 작용할 수도 있다. 그 결과 사람들은 이런 기질을 한층 더 숨기며 포장지로 단단하게 감싼 뒤 리본도 아닌 밧줄로 꽁꽁 묶어버린다. 그러나 예민함은 포기하지 않고 상자 속에서 더 요란하게 덜컹거리다 종국에는 어떤 장애나 부정적인 증상으로 드러나기 마련이다.

조기에 이런 사태가 발생하는 것을 막아야 한다. 이 멋진 재능이 묻힌 채 녹슬어버리지 않도록, 그리하여 예민한 사람이 희생양으로 전락하기보다는 재능을 마음껏 펼칠 수 있도록 말이다. 예민한 아이가 자신의 기질을 활용하는 법을 최대한 일찍 배워야 하는 것도 이 때문이다. 이때 부모, 보육교사, 교사는 이론만 아이에게 구구절절 설명하기보다는 지극히 실용적이고 실제적인 사례를 제시해주어야 한다.

참고로 이 책에는 예민한 기질을 잘못 활용할 경우 어떤 결과가 초래되는지에 대해서도 자세하게 설명되어 있다. 이는 독자를 불안하게 만들기 위해서가 아니라 더욱 적극적으로 나서도록 하기 위한 것이다. 문제가 되는 것은 예민함 자체가 아니라 그에 대한 우리의 평가와 태도기 때문이다.

아이 때문에 찾아온 부모가 마찬가지로 예민한 기질을 지녔다고 느끼면 나는 그들에게 이 부분을 먼저 알린다. 그리고 5장에 실린 부모를 위한 체크리스트(87페이지 참조)를 통해 자신의 성향을 알아보길 권

한다. 이 책 맨 앞에 실린 아동용 테스트를 통해 자신의 유년기를 점검해보는 것 역시 도움이 될 것이다.

부모에게 해주고 싶은 또 하나의 조언은 예민한 아이를 더 잘 이해하기 위해 관련 책을 많이 읽으라는 것이다. 바로 지금 이 책을 읽고 있는 것처럼 말이다. 기본적인 지식과 이해가 없으면 구체적인 충고나 조언도 오해하거나 잘못 실천해 원하던 결과를 끌어내지 못할 가능성이 크다. 각 가정의 상황은 천차만별이기 때문에 나는 개별 문제에 해결책을 제시하는 일은 최대한 피했다. 똑같은 조언이라도 어떤 경우에는 유용한가 하면 다른 유사한 경우에는 별 도움이 되지 않을 수도 있다. 대신 나는 독자들에게 예민한 아이를 대하는 부모만의 특별한 방식을 만드는 법을 소개하려 한다.

정보를 검색하고, 마치 예민한 기질을 처음 접하는 것처럼 선입견 없이 관찰하는 게 첫걸음이다. 때로는 먼저 스스로를 받아들여야 아이를 있는 그대로 받아들일 수 있게 되며, 이 과정은 역으로 일어나기도 한다. 예민한 아이에게 관심을 가지는 과정에서 부모도 자신의 예민한 기질을 인정하고 받아들이기도 한다.

예민함을 부정할 때 나타나는 문제점

많은 사람들이 이 개념을 원래 의미대로 사용하지 않고 흔히 이 기질에서 비롯되는 탈선 행동만 보려 한다. 그러나 알고 보면 예민함은 하나의 재능이다. 수많은 상담 경험과 연구 끝에 나는 예민한 사람이 두 부류로 나뉜다는 사실을 알게 되었다.

예민한 기질 때문에 곤경을 겪는 사람들이 한 부류라면, 다른 부류는 이 기질 덕분에 더 행복하고 성공적인 삶을 살며 내적 풍요까지 누린다. 예민해서 행복한 사람들은 있는 그대로의 자신을 받아들이지만, 전자의 경우(나도 예전에는 이런 사람이었다) 자신의 원래 모습을 남에게 보이지 않으려 애쓴다. "예민하게 굴지 마!"라는 말을 너무나 자주 들어온 탓이다.

예민한 인지능력을 갖춘 아이가 사람들의 거부반응을 반복적으로 겪다 보면 점점 자신감을 잃게 된다. 자기가 무엇을 잘못했는지 고민하다가 결국 스스로에게 회의를 품기 시작한다. 그러다 보면 자신은 물론이고 자신이 인지하던 것까지 신뢰하지 않게 된다. 특히 신체적 인지를 거부한다. 아이에게 자신의 몸이 가장 큰 장애요소기 때문이다. 그래서 신체가 인지하는 것 자체는 물론이고 그와 결부된 직관력까지도 점점 무시해버린다. 심지어 부모가 '예민하게 굴지 마!'라는 말을 입 밖으로 내지 않고 그저 아이가 예민하다고 생각하거나 느끼기만 해도 아이는 이를 바로 눈치챈다.

예민한 아이는 부모의 눈빛과 표정, 몸짓에서 비판이나 의구심, 거부감을 읽어낼 수 있다. 심지어 말 사이에 숨은 어조를 포착해 입 밖으로 내지 않은 생각까지도 간파하는 경우가 많다. 이런 식으로 아이는 부모의 존재 또는 부모가 인지하고 생각하는 것을 기준으로 삼는다. 그럼으로써 소속감과 보호를 선택하는 것이다.

그러나 아이는 자기 신체가 인지하는 것을 그리 오랫동안 억제할수 없다. 언젠가는 튀어나오기 마련이다. 신체 증상은 늘 늦게 나타난다. 자신이 송출해야 할 신호가 억제되는 것을 더 이상 견뎌내기 힘들어하거나 거북함을 느끼거나 무언가가 제대로 돌아가지 않게 된 뒤에야나타나는 것이다. 이는 불쾌한 기분이나 증상, 통증 등의 형태로 드러난다. 이렇게 되면 아이는 자기 몸을 한층 더 방해물로 느껴 신체가 인지하고자 하는 욕구도 그만큼 줄어든다. 이로써 악순환이 생기게 되는 것이다.

신체 인지를 무시하려는 시도는 드러나는 것보다 훨씬 광범위한부작용을 초래한다. 상황에 따라 얼마나 큰 악영향을 미칠 수 있는지는결과만 봐도 알 수 있다. 불안감을 일으키려는 의도가 아니라 예민한 아이들이 이런 경험을 하지 않도록 막기 위해 자세한 설명을 곁들였다.

• 자기 욕구와의 접촉을 차단한다

아이는 자신의 욕구를 적기에 인지할 수 없게 된다. 반면 남들에게 무엇이 필요한지는 더 빨리 인지한다. 자신의 욕구를 애써 찾아보지만 이미아이의 머릿속에서 흔적도 볼 수 없게 된 뒤다.

• 판단력을 상실하고 스스로 한계를 만든다

자신의 강점에 대한 감각도 상실한다. 아이는 자신이 감당할 수 있는 것과 없는 것을 모르게 되어 결국에는 타인을 기준으로 삼게 된다. 그러다 보면 자신의 한계를 뛰어넘어 무리하게 되고, 그 다음에는 자기 능력을 과소평가해 스스로를 지나치게 보호하려 하거나 부담스러운 일을 피한다. 그러다 다시 자신의 한계 이상을 설정해 무리하는 일이 반복된다.

• 끝없이 에너지를 소모한다

자기 자신, 무엇보다 자기 신체를 제대로 인지하지 못하는 사람은 그만큼 외부를 향해 인지감각을 곤두세우게 된다. 그러면 에너지도 밖으로 흘러나간다. 그렇게 자신을 외부의 기준에 맞추다 보면 쇼핑이나 나들이, 낯선 곳을 방문하는 일 등이 보통 사람보다 훨씬 부담스러워진다. 이는 아이뿐 아니라 어른도 마찬가지다. 그러면 이들은 '나는 작고 약한 존재이고 세상은 위험한 곳이야!'라는 사고방식과 그에 따른 긴장감으로 두려움을 품게 된다. 그럴수록 점점 더 외부를 향해 인지감각을 곤두세우게 되고 에너지 소모도 커질 수밖에 없다.

• 타인과의 경계선이 모호하다

예민한 아이가 자기 몸과의 소통을 잃게 되면 대개 자신을 둘러싼 경계선이 위협받는 것을 적기에 감지하지 못하게 된다. 자신의 경계선이 어딘지 모르기 때문에 그에 상응하는 경고신호를 받지 못하는 것이다.

타인이 내 경계선을 침범하는 것은 고의적이라기보다 단순히 몰라서인 경우가 많다. 그런데 자신도 경계선을 모르기에 남에게 이를 알려줄 능력이 없다. 또 주변 사람들과 거리를 유지하거나 좁히는 문제를 협의할 줄도 모른다. 그래서 누군가가 본의 아니게 경계선을 침범한 뒤에야, 다시 말해 이미 문제가 발생하고 난 뒤에야 반응하게 된다. 그러면 예민한 아이는 뒤로 물러서거나 자기 영역을 아예 포기해버리고는 뒤늦게야 그 일에 분개한다. 혹은 우물쭈물거린 것에 지나치게 격한 반응을 보이며 스스로를 원망한다. 갈등의 대다수는 바로 이런 모호한 경계선 때문에 생긴다.

• 자기 생각에만 몰두한다

우리 몸은 어떤 상황에 직면했을 때 좀 더 생각할 시간이 있는지, 아니면 즉각 행동에 나서야 하는지 알려준다. 그런데 신체 인지를 포기한 아이는 이런 상황에서 몸이 보내는 신호를 포착하지 못한다. 그 결과 적정선을 넘어 비생산적인 사고방식을 갖게 된다. 그러다 보니 이런저런 대안을 궁리하거나 고민에 빠지는 일이 점점 늘어난다.

• 우유부단하다

우리는 이성만으로는 어떤 일을 결정하기 힘든 경우가 많다. 보이지 않는 변수가 너무 많이 작용하기 때문이다. 자기 신체와 끊임없이 소통하는 아이는 이럴 때 '감', 다시 말해 직관력을 활용한다. 하지만 신체 인지를 할 수 없는 아이는 직관력도 사용할 수 없다.

• 삶에서 자기 위치를 상실한다

자기 신체에 대한 감각을 잃어버린 아이는 삶의 중심도 잃기 마련이다. 그의 정신은 자기 자신, 다시 말해 신체 안에 머물지 못하고 산만하게 떠돈다. 그러다 보면 자신의 이해를 드러내는 일도 한층 어려워진다. 지나치게 타인의 입장만 생각하고 자신의 입장은 쉽게 버린다. 뒤늦게 이를 깨닫고 자기 몫을 챙겨보려 하지만 그때는 이미 남들이 다 나누어 갖고 아무것도 남은 게 없기 마련이다.

• 자존감이 낮아진다

중심 없이 자신의 입장으로 삶을 살아가지 못하는 아이는 매번 상대의 눈으로만 스스로를 인지한다. 이런 방식에 익숙해진 예민한 아이는 어설픈 인상을 주는 경우가 많다. 이들은 남다른 감각으로 거북해질지도 모르는 상황을 예측할 수 있기에 남이 자신을 어떻게 볼 것인가에 지나치게 신경 쓴다. 매번 상대방을 신경 쓰는 아이는 자신을 평가할 때도 상대방의 평가를 기준으로 삼는다. 덜 예민한 아이는 대부분 나름의 평가체계에 맞추어 사는 반면, 예민한 아이는 항상 타인의 평가에 귀를 기울인다.

확실히 이야기하는데 이처럼 안타까운 상황이 벌어지는 것을 방지하거나 이미 일어난 일을 되돌리는 것은 모두 가능하다. 나는 이를 위해 고안한 나름의 방법을 스스로에게 시험해보고 효과를 확인한 뒤 강좌에도 활용해보았다. 이 책에 그 방법을 소개하였다. 특히 예민한 아이의 시작점인 인지에 초점을 맞춰 설명했다.

수많은 예민한 아이가 이를 통해 자기 자신과 자신의 삶을 대하는 태도를 새로이 정립하기를 바란다. 이 책은 여러분과 아이가 더 나은 삶을 살도록 돕기 위해 쓰였다. 예민한 기질의 부정적 발전을 막고, 이 문제가 다음 세대에게까지 이어지는 일이 없도록 말이다.

예민하면서도 대담한 아이

분명 예민한 아이인데 특정 상황에서는 완전 다르게 행동하는 아이가 있다.

한번은 내가 예민한 아이들에 관한 강연을 마쳤을 때 어떤 아빠가 다가와 자기 아들에 관해 이야기했다. 자신도 예민한 성격의 소유자이고 이제 만 6세가 된 아들도 지금껏 관찰한 바를 토대로 예민한 아이라는 결론을 내렸다고 했다. 그런데 아들과 함께 야외 수영장에 갔다가 놀라운 장면을 보게 되었다고 한다. 아빠가 일광욕 의자에 드러누워 꾸벅꾸벅 조는 동안 아들은 물장구를 치고 있었는데, 어느 순간 눈을 떠보니 아이가 보이지 않았다고 한다. 아이는 다이빙대에 서 있었다. 아무것도 잡지 않은 채 건장하고 대담한 청년들이 모여 있는 5m짜리 스프링보드 가장자리에 여유롭게 서 있었던 것이다.

이 아이는 여러 성향이 특수하게 조합된 유형이다. 예민한 동시에 '강한 감각 추구 성향'을 지녔는데, 쉽게 말해 논리적으로 모순되는 두 가지 기질을 한꺼번에 타고났다고 보면 된다. 이런 아이는 자극적인 것을 추구하며 도전정신이 남다른 위험한 스포츠를 즐긴다. 이것도 물론 특수한 유전인자 때문이다. 이는 예민한 기질과는 별개의 것으로 그보다 더 흔한 성향이다. 예민한 기질과 강한 감각 추구 성향을 동시에 지닌 사람들은 두 가지 재능을 타고난 셈이다. 이들은 자극적인 도전을 즐기는가 하면 또 어떨 때는 극히 예민한 반응을 보인다. 두 가지 성향 중 하나가 번갈아가며 두드러지게 나타나는 것이다.

다행히도 이 아빠는 아들의 모순된 기질을 인지하고 받아들였다. 그는 그 순간에는 아이가 스프링보드에서 내려오도록 유도했지만, 이후 이 용감한 꼬마가 대담한 본능을 마음껏 발휘할 수 있도록 다른 멋진 기회들을 만들어주었다. 지금 그 아이는 스포츠를 즐기고 서커스 동호회에서도 활동하고 있다고 한다. 그곳에서 공중회전이나 인간 피라미드 쌓기, 그밖에 진짜 서커스에 서나 구경할 수 있는 각종 묘기를 배운다.

여기서 주목해야 할 점은 부모가 아이의 두 가지 특성을 모두 인정해주어야 한다는 점이다. 강한 감각 추구 성향을 자꾸 억제하면 이는 위험한 상황에서 돌연 무모함으로 나타날 수 있다. 앞의 사례에 비유하자면 스프링보드 끝에 선 순간 억눌려 있던 대담함을 실제 행동으로 옮겨야 한다는 강박관념을 갖게 되는 것이다. 반대로 두 가지 성향 중 예민한 기질이 억제될 경우 언젠가는 병으로 나타나고 만다. 하지만 이 병은 정확한 병명을 진단하기 어려울 정도로 모호하기에 보통 휴식과 안정이 요구된다.

: 2장 :

예민한 아이의
특별한 인지방식

그런 것은 보거나 듣거나 말하면 안 돼!

예민한 아이는 더 많은 것을 한층 강렬하게 인지한다. 이들은 예리한 관찰자다. 이 재능은 아주 어릴 때부터 나타난다. 어느 날 예민한 아이를 둔 엄마가 이런 이야기를 했다.

> "슈테판이 네 돌이 채 되기도 전의 일이었어요. 아이 앞에 산타클로스가 나타났는데 슈테판이 한눈에 정체를 알아차리더군요. 흔한 산타클로스 복장을 하고 있었는데 세부적인 특징을 보고 즉각 알아맞힌 거예요. 아빠의 장화를 신고 있었거든요. 그런데 아빠는 슈테판 옆에 서 있었으니 아빠일 리는 없었죠. 얼굴에 붙인 덥수룩한 수염과 흰 눈썹 사이의 작은 점 때문에 우리 집 일을 도와주는 아주머니라는 게 들통나고 말았어요."

하지만 예민한 아이의 인지는 종종 주위 사람들에게 무시된다. 때로는 교육상의 이유로, 때로는 사회적 관습에 어긋난다거나 그저 거북하다는 이유로 거부당한다. 그러면 예민한 아이는 자신의 인지방식에 회의를 갖게 된다. 자신의 인지능력을 믿지 못하게 된 아이는 남이 인지한 것을 기준으로 삼게 된다.

우리의 인지방식은 자신만의 독특한 특징이다. 선별적이어서 각 사람이 인지하는 것 또한 저마다 조금씩 다르다. 소망, 욕구, 관심사, 그리고 개개인이 기대하거나 거부하는 것에 따라서도 달라진다.

　아이는 인지를 통해 자신이 사는 세계의 상을 만들어간다. 따라서 타인의 인지에 의존할 경우 아이는 일정 정도 낯선 세계에 살고 있는 셈이다. 이렇게 되면 인지 과정이 더욱 복잡해진다. 아이가 다른 사람이 인지한 것, 그리고 사회적으로 허용된 것과 금기시되는 것을 동시에 알아야 하기 때문이다.

　예민한 아이는 심지어 머릿속에 검열 가위를 준비해두고 특정한 자극이나 정보를 인지할 경우 가차 없이 잘라 버리는 경우도 있다. 몇몇 특정 사실에 대해서는 아이의 눈이 아예 가려지기도 한다. 인지와 생각 금지라는 불문율을 지키는 과정에서 아이의 자기 검열은 점점 강화된다.

　에리카의 이야기는 유년기에 특정 사고를 금지당하는 일이 아이에게 어떤 영향을 미치는지 잘 알려준다.

　"제 부모님은 두 분 다 예민하셨어요. 다른 사람들에게는 너그러웠지만 자녀 양육에 있어서는 달랐답니다. 제가 누군가에게서 부정적인 면을 발견하고 이를 입 밖에 내 말하면 즉각 가로막고 나무라셨죠. 그래서 저는 모든 사람에게서 오로지 좋은 점만 보게 되었어요. 다른 사람에게 지레 사과부터 하면서 스스로에게는 비판적인 태도를 보였고 끊임없이 후회하고 걱정했죠.

　그러다 사기를 당했고, 적잖은 액수의 돈을 잃고 난 뒤에야 저는 주위 사람들의 모순되고 그늘진 면을 다시금 볼 수 있게 되었답니다.

그제야 비로소 사람들을 있는 그대로 바라볼 수 있게 되었지요. 지금은 사소한 징후에도 늘 주의를 기울입니다. 다른 사람들이나 상황에 대해 제 직감이 어떻게 반응하는지 서서히 알 수 있게 되었습니다. 이건 제 비상 신호와도 같답니다!"

아이에게 좌지우지 당하는 부모

이와는 반대인 경우도 있다. 만 5세밖에 안 된 여자아이의 지극히 주관적인 판단에 아빠, 엄마, 할머니, 할아버지까지 휘둘린 사례다. 멜라니는 무언가 마음에 들지 않으면 바닥에 드러누워 떼를 썼다. 그러면 부모는 달려와 꼬마 공주님의 비위를 맞춰주기 위해 온갖 방법을 동원했다. 음식이 맛이 없거나 스웨터가 살갗에 닿아 따갑다는 이유로, 혹은 해롭지도 않은 벌레가 윙윙거리는 게 귀찮다는 이유로 멜라니는 이처럼 소란을 피웠다. 자신이 느낀 것을 가지고 가족 전체를 조종한 셈이다. 그럴 때마다 가족 모두가 달려들어 아이 뜻대로 다 해주었기 때문이다.

예민함이라는 개념을 처음 접한 부모는 아이나 자신에게 이런 성향이 있음을 확인하고 관련된 책을 찾아 읽는다. 여기까지는 좋은데 종종 잘못된 판단을 내리는 일이 있다. 아이가 예민하니 최대한 감싸고 비위를 맞춰주어야 한다고 여기는 것이다. 여기에는 일정 부분 그런 성향의 아이를 이상화하는 부모의 잘못도 있다.

엄밀히 따지면 멜라니의 부모는 딸에게 부모 역할이 아니라 시종 역할을 한 셈이다. 딸에게 자극을 통제하고 행동을 고치는 법, 경계를 지키는 일에 모범을 보여주지 못했다. 자기 행동에 확신을 가지려면 아이에게 이 모든 것이 필요한데도 말이다. 그러니 아이는 자신이 지켜야 할 경계선 찾기 게임을 계속할 수밖에 없다. 더불어 멜라니는 부모와 조부모가 지극히 심약한 사람이라는 결론을 내린다. 단순한 계략으로도 얼마든지 조종하고 통제할 수 있으니 말이다.

부모가 예민한 아이에게 조종당하지 않고 아이의 인지능력을 조절해주려면 어떻게 해야 할까? 예컨대 아이가 국이 너무 짜다고 말했을 때, 아이가 인지한 것을 무시할 수는 없다. 아이의 미각을 인정해줘야 한다. 그렇다고 국이 짜니 식사를 건너뛰고 바로 후식을 먹겠다는 아이의 요구를 들어줄 필요까지는 없다.

일반적으로 아이의 요구를 존중해주어야 하지만 그게 반드시 옳은 것만은 아니다. 물론 아이가 인지한 것을 부정해서도 안 된다. 그러나 아이가 그것으로부터 어떤 결론을 도출하느냐는 그때그때의 관심사에 따라 천차만별임을 명심해야 한다.

인지와 주관적 견해 구별하기

아이의 생각을 부모가 매번 부정하면 아이는 확신을 잃게 된다. 때로는

식탁 앞에서 벌어질 수 있는 세 가지 상황

아이 국이 너무 짜요!

엄마 말도 안 되는 소리! 뭐가 짜다고 그러니? 잔말하지 말고 어서 먹어!

아이 (속으로) 내 입이 잘못된 게 틀림없어. 다들 아무렇지도 않게 국을 먹고 있잖아. 나만 빼고 말이야……. 나도 안 짜다고 생각하고 그냥 먹는 게 좋겠어. 국은 아무 문제 없어. 이번에도 내가 잘못된 거야!

아이 국이 너무 짜요!

엄마 아이고, 우리 토끼가 국이 맛이 없구나! 엄마가 금방 다른 거 해줄게!

토끼 엄마는 식사하다 말고 일어나 주방으로 달려간다. 주방에서 무언가를 다지고 볶는 소리가 들린다.

아이 (속으로) 엄마가 이번에도 맛없는 요리를 가져오면 또 떼를 써야지!

엄마 (속으로) 내가 미련해서 또 잘못을 저지른 게 분명해! 우리 귀여운 아이의 마음이 풀리려면 어떻게 해야 할까?

아이 국이 너무 짜요!

엄마 그럼 밥을 함께 먹든지 물을 한 모금 마셔보렴. 하지만 좀 짜더라도 국을 먹었으면 좋겠구나. 국에 들어 있는 채소는 맛이 어떠니? 국에 잘 어울리는 것 같지 않니? 그리고 내일은 간을 볼 때 네가 같이 봐주는 게 좋겠구나.

결론도 나지 않을 끝없는 논쟁이 시작되기도 한다. 다른 사람이 인지한 것을 가지고 옳고 그름을 따질 수는 없으니 결론이 나지 않는 게 당연하다. 먼저 부모는 아이가 인지한 것과 그것으로부터 내린 결론을 구별해야 한다. 그리고 아이가 인지한 것을 존중하고 도와주어야 한다. 하지만 아이가 그것으로부터 끌어낸 주관적 견해는 부모가 비판적으로 바라보고 이의를 제기할 수 있어야 한다. 아이가 인지한 것은 그 자체가 진실이지만, 견해는 상황에 따라 판이할 수 있기 때문이다.

견해란 어떤 형태로든 평가와 사고가 개입된다. 이때 사고란 자신의 소망과 욕구, 관심사를 주어진 상황이나 가능성과 조화시키고자 하는 시도를 말한다. 여기서 도출된 결론은 논리적일 수도, 그렇지 않을 수도 있다. 어찌됐든 개인적인 색깔을 입고 있기 마련이다. 아이의 판단은 때로 어리석고 부적절하며 비현실적이다. 바로 이때 아이를 보호하기 위해 부모는 도움과 조정, 논리적 추론, 해결방안 등을 제시해야 한다.

오스트리아 출신의 정신분석가 파울 바츨라빅Paul Watzlawick은 한 인터뷰에서 인지와 주관적 견해를 잘 구별한 좋은 사례를 언급한 바 있다. 바츨라빅은 어릴 적 학교 가기를 싫어했는데 부모님과 이 일에 관해 대화를 나누었다고 한다. 그는 학교에서 어떤 상황이 자신을 괴롭히는지 자신이 인지한 바를 이야기했고, 부모님은 그의 말을 끊거나 반박하지 않고 조용히 귀 기울여 들어주었다. 그는 부모님이 자신을 지켜봐 주고 주의를 기울여준다고 느꼈다. 대화가 끝나고 부모님이 그래도 학교는 계속 가야 한다는 결론을 내렸을 때도 그 느낌은 여전히 남아 있었다. 부모님은 아들의 관점을 존중하고 아들이 처한 상황을 파악하고 이해해주었다. 하지만 아들이 사회의 기본적인 교육을 따라야 할 필요가 있으며 그렇기에 앞으로도 참고 학교에 가야 한다는 결론을 내린 것이다.

아이의 이야기에 귀 기울이기

부모는 아이의 말에 차분하게 귀 기울여야 한다. 그렇지 않은 부모는 아이가 인지한 바를 말할 때 자주 가로막는다. 그리고 자신이 인지한 것과 나름의 평가를 들이대며 성급한 결론을 내리곤 한다. 처음부터 자기 생각을 미화하고, 아이의 말을 일방적으로 해석하거나 부정하는가 하면, 성급하게 아이를 달래려 들 때도 있다. 이는 아이가 나름의 사고를 하지 못하게 하는 것이다.

이런 방식의 듣기는 아이를 무시하고 외톨이로 만들 뿐이다. 어쩌면 아이는 세상에 대해 커다란 부담을 느끼고 있을지도 모른다. 그래서 부담을 덜고 명확한 관점을 얻기 위해 어른들에게 도움을 청하는 것이다. 그런데 어른들이 자신이 인지한 것을 무시하는 태도를 보이면 아이는 세상으로부터 이해받지 못한다는 느낌을 받는다. 예민한 아이는 특히 그렇게 느끼기 때문에 자신의 인지를 존중해주고 적절히 조절하는 법을 가르쳐줄 어른이 더욱 절실히 필요하다. 예민한 아이는 부모가 곁에 있고 자신의 말에 귀 기울여주기를 기대한다.

아이가 인지한 것을 혼자서 생각하도록 내버려두지 마라. 부모가 그저 차분하게 귀 기울여주는 것만으로도 아이에게는 많은 도움이 된다. 그리고 이따금 아이를 바라봐줘라. 때에 따라 어깨에 손을 얹는 등 신체적 접촉을 하는 것도 좋다. 그러면 아이는 관심받고 있다고 느끼고, 홀로 세상에 맞서야 한다고 느끼지 않게 된다.

해결방안 제시하기

아이의 말을 귀담아들은 뒤에는 부모가 그 상황을 어떻게 판단하는지 조언해주고, 아이가 능숙하게 대처할 수 있도록 몇몇 해결방안을 제시해줘라. 아이의 이야기를 다 듣지도 않고 성급히 조언하는 일은 금물이다. 성급한 훈육으로 아이에게 영향력을 발휘하려는 시도는 자제해야 한다. 그래야 아이도 세상과 관계를 맺는 과정에서 스스로 해결책을 찾을 수 있다. 예를 들어 별로 예민하지 않은 사람들을 상대할 때 어떤 태도를 보여야 하는지도 배울 수 있다.

이때 아이의 말을 들어주는 일과 아이의 판단에 대해 논쟁을 벌이는 일은 분명히 구별되어야 한다. 아이에게 질문하고 나름의 사례를 들어줌으로써 여러분은 아이가 더욱 분명한 판단을 하고 상황에 건설적으로 대처하도록 도와줄 수 있다.

사실과 판단, 평가 구별하기

파울 바츨라빅은 인지를 다루기에 좋은 모델을 제시했다. 그는 현실을

'제1현실'과 '제2현실'로 구분했다. 제1현실에는 순수한 사실관계만이 포함되는 반면, 제2현실에는 우리의 평가, 추측, 이론, 선호하는 것과 거부하는 것에 대한 마음가짐, 우리가 내린 모든 판단이 포함된다.

예를 들면 날씨의 경우 기온, 기압, 습도, 풍속, 풍향 등이 제1현실이다. 반면에 날씨가 나쁜가, 좋은가에 대한 생각, 그에 대한 느낌, '이런 날씨에는 개도 밖에 못 내보내겠군!' 또는 '책 읽기 안성맞춤인 날씨야!' 따위의 평가, 내일 날씨는 어떨 것이라는 추측, 우산을 가지고 나갈 것인가 말 것인가에 대한 판단 등은 모두 제2현실에 속한다.

물론 이 모델에 대해 자세히 설명해도 아이는 이해하기 힘들어할 것이다. 그러나 여러분이 사례를 들어준다면 아이는 단순하면서도 실용적으로 쓸 수 있을 것이다. 부모가 아이의 사고나 감정, 반응을 사실관계에서 분리해주면 오해와 불협화음, 다툼의 소지를 줄일 수 있다. 이러한 방법은 성인도 인지와 자극을 분명히 구별하게 해준다. 제1현실에 관해 지극히 단순하게 질문해보라. 다음 항목들이 그 예다.

- 정확히 무슨 일이 일어났니?
- 다른 아이들은 무슨 말을 했고 어떤 행동을 했니?
- 너는 뭐라고 대답했고 무슨 행동을 했니?
- 너는 정확히 무엇을 알았고, 무엇을 보고 들었니?

여러분도 종종 '무엇이 사실인가?'라고 자문해보는 게 좋다. 단순한 질문이지만 이를 통해 여러분은 자신이 인지한 것으로부터 거리를 둘 수 있다. 이렇게 객관성과 명료함을 확보하고 나면 부담이 줄어들 것이다. 예민한 사람들은 자신이 인지한 것과 외부적 자극, 그에 따르는 주관적 반응의 복합물을 엮어내는 게 다른 사람들에 비해 오래 걸린다.

시간이 흐를수록 우리의 내면에서는 제2현실이 점점 큰 비중을 차지해 진실을 보는 우리의 눈을 가린다. 상처받았거나 실망한 상태에서는 더욱 그렇다. 이것은 우리를 약하게 만들고 상처를 더 깊이 후벼 판다. 그리고 사물 앞에 장막을 쳐 그것을 있는 그대로 보지 못하게 만든다. 또 진짜 중요한 문제에 주의를 기울이지 못하게 하고 행동이나 발전을 방해할 수도 있다. 이 모든 것은 인간이 제2현실에 너무 쉽게 휩쓸린 탓이다. 그러므로 사실관계가 무엇인지 질문하는 자세가 중요하다.

그렇다고 제2현실을 그저 무시하기만 하는 것도 옳은 태도는 아니다. 제2현실에 주의를 기울이고 진지하게 받아들여야만 그 영향력을 줄일 수 있기 때문이다. 이때도 가장 효과적인 방법은 '인지한 것이 내게 어떤 영향력을 발휘했는가?'라고 끊임없이 질문하는 것이다.

그런데 자신에게 영향력을 발휘하는 것은 인지한 것 자체가 아니다. 인지한 것에 반응하는 주체는 자기 자신이므로 스스로에게 영향력을 발휘하는 것도 실은 자기 자신인 셈이다. 다만 일상에서는 '이 모든 것이 내게 어떤 영향력을 발휘했는가?'라고 간단하게 생각하는 것이 좋다. 중요한 것은 어떤 것에 대한 반응으로서 일어나는 모든 현상을 인지하고 이를 무심히 넘기지 않는 일이다. 혹시 찾아올지 모를 고통, 혼란스러운 마음, 불안, 희열까지도 말이다. 이런 반응들을 알아채고 주의를 기울일 때 비로소 그에 따른 혼란도 잦아든다.

생각, 감정, 신체 상태 분리하기

아이가 어떤 일에 대한 반응을 인지하는 것은 스스로에게 엄청난 위력을 발휘할 수 있다. 그런데 이런 인지는 모순적일 수도 있다. 감정과 사고, 감각은 때로 어지럽게 뒤섞여 나타난다. 이를 분명하게 정리하려면 아이의 생각을 감정이나 신체적 상태와 분리해야 한다. 분리 작업에 다음의 몇 가지 질문이 도움이 될 것이다.

- 너는 그 일에 대해 어떻게 생각하니?
- 네 마음은 그것에 대해 어떻게 느끼니?
- 네 몸 상태는 어떠니? 너는 어떤 느낌이 드니?

첫 번째 질문은 아이의 생각과 평가, 판단에 관해 묻는 것이다. 두 번째 질문은 마음속에서 솟구친 감정에 관한 질문이다. 예컨대 아이는 슬프거나 실망했거나 버려졌다거나 행복하다는 느낌을 받을 수 있다. 감정은 사회적 네트워크와 소속감, 안정감을 감지하는 센서와도 같다. 마지막 질문은 직감에 관한 질문이다. 여기서 직감이란 몸 전체가 느끼는 감각을 말한다. 가령 아이는 자신이 약하거나 강하다는 느낌이 들 수 있고, 분노를 느껴 얼굴이 달아오르거나, 불안해서 다리가 후들거린다거나, 두려움에 목덜미가 오싹한 느낌을 받을 수 있다. 벅찬 기분 때문에 가슴이 뛸 수도 있다.

　이처럼 다양한 관점으로 자아를 다르게 인지한다면 그때그때의 생각, 감정, 신체 상태를 분명히 알 수 있다. 특히 이 질문을 통해 인지에 직관과 직감이 반영된다는 점은 매우 긍정적인 부분이다. 직관과 직감은 우리 삶에 매우 중요한 요소들임에도 현대 문명사회에서 그 가치를 인정받지 못하고 있다. 특히 예민한 사람들은 자신에 대한 이질감을 떨쳐버리기 위해 신체가 인지하는 것을 의식적으로 부정하는 경우가 많다.

의식적인 에너지 분배

우리는 무언가를 인지하는 것과 동시에 에너지를 분배한다. 예민한 사람은 다수의 사람에게 자신을 맞춤으로써 신체가 인지한 것을 차단해 버리는데, 그 결과 내적 자극보다는 외부의 자극을 더 많이 인지하게 된다. 그런데 앞서 말했듯 무언가를 인지할 때는 에너지를 쓰게 되고, 외부의 자극을 더 많이 인지하다 보면 에너지가 그만큼 외부로 더 많이 흘러나가 버린다.

　가령 동물원으로의 소풍, 부모와의 쇼핑, 친구들과 축제에 다녀오는 일 등은 예민한 아이들에게 엄청난 에너지 방출을 일으킬 수 있다. 덜 예민한 아이들은 이런 나들이를 다녀와도 아직 활기차지만, 타인의 기준에 맞추느라 자기 신체와의 소통을 상실한 아이들은 녹초가 되어 피곤해하거나 신경이 곤두서 있기 마련이다. 심지어 기진맥진해서 구토를 하는 경우도 있다.

한 인간이 동시에 인지할 수 있는 자극의 수는 다섯 가지에서 아홉 가지다. 이는 전문가의 연구를 통해 나온 수치인데 이 실험에서 예민한 기질은 전혀 고려되지 않았다. 예민한 사람들이 인지할 수 있는 자극의 수는 이보다 약간 많지만, 그래도 한계는 존재한다. 아마 이들이 인지하는 자극의 수는 열 가지에서 열한 가지 정도 될 것이다.

여러 가지 자극을 노련하게 나눌 줄 아는 사람은 에너지 소모량도 적다. 자극으로 받은 긍정적인 영향도 사라지지 않고, 몸과 마음도 안정적인 상태를 유지한다.

인지한 것과 거리 두기

예민한 아이가 무언가에 과도하게 집중할 경우 인지 대상에 압도당할 위험이 있다. 예를 들어 끔찍한 교통사고 장면을 목격했을 때, 텔레비전 화면에서 전쟁으로 고통받는 사람들의 모습을 보았을 때, 이웃 아이가 모욕당하는 장면을 보았을 때 예민한 아이에게는 이것이 어마어마한 정신적 부담으로 작용할 수 있다. 마치 자신이 당사자인 것처럼 생생하게 인지하기 때문이다.

참고로 강렬한 인지를 통해 희열을 느낄 수도 있다. 상승기류를 타고 창공을 맴도는 독수리, 잔디밭에서 뛰노는 개, 물속을 유유히 헤엄치는 물고기, 선물 받은 사람의 기쁜 표정 등 예민한 사람은 이 장면들을 보면서 마치 자신이 그 독수리나 개, 물고기, 선물 받은 사람이 된 듯한 기분을 느낀다. 음악이나 문학, 예술을 접했을 때의 강렬한 체험은 두말할 것도 없다.

사람은 자신, 그리고 자신이 처한 상황부터 인지해야 한다. 그 뒤에야 비로소 관계 맺기가 가능해지기 때문이다. 예민한 사람은 불쾌한 감정, 골칫거리, 갈등을 비롯해 많은 것에 의해 상처받는다. 나아가 자신을 평가하거나 상상 속의 이상적인 상태와 비교해 스스로를 더 힘들게 한다. 그러다 보면 각 상황에서 자신을 압도할 정도로 강렬한 느낌을 받게 되고 결국 자기에게 한층 더 얽매이게 된다.

이런 일을 방지하려면 특정 상황에 처했을 때 거리를 둬야 한다. 인지한 것을 의식적으로 통제해 수위를 조절하는 것이다. 그런데 어떻게? 특히 예민한 아이의 경우 어떻게 하는 것이 좋을까? 불필요하게 타인의 고통을 흡수하거나 자신의 고통을 늘리지 않기 위해 인지한 것으로부터 얼마나 거리를 두어야 할까?

뒤이어 나오는 〈인지 구별 훈련〉과 〈산에 오르기〉를 통해 인지한 것과 거리를 두면 경솔하게 반응하지 않게 되고 나아가 갈등을 피하고 속임수에 넘어가지 않게 된다. 예민한 아이는 거리 두기를 통해 주체적으로 행동할 수 있고 차별화된 인지능력을 장점으로 활용할 수 있게 된다.

인지 구별 훈련

뱃속 깊숙이 온기를 느껴보라. 두 발, 두 다리, 호흡에도 집중해보라. 물론 이때 생각의 흐름을 의식하게 되는 것은 어쩔 수 없다. 그래도 이런 식으로 신체의 외부가 아닌 내부와 연결된 느낌을 유지하라. 실험이라고 생각하고 한번 해보라. 시장이나 북적이는 쇼핑센터에 갔을 때 해보는 것도 좋다.

처음에는 쉽지 않을 것이다. 어떤 성과나 완벽한 느낌 같은 것은 중요하지 않다. 이를 시도해본 직후 어떤 기분이 들었는가? 여러분의 에너지 상태를 비교해보라. 실험 전에는 상태가 어땠으며, 그 뒤에는 어떻게 달라졌는가? 중요한 것은 이때 나온 결과다.

산에 오르기

펠릭스와 누나 마티나는 또 다툼을 벌였다. 둘 다 마음에 상처를 입었고, 서럽고 화가 난 상태다. 엄마에게는 이럴 때 좋은 해결책이 있다. 내적으로 거리를 두어야 할 때나 명료한 사고가 필요할 때 엄마도 써먹는 효과적인 방법이다. 바로 〈산에 오르기〉인데, 아이들에게 조금 변형시켜 쓰면 좋다.

엄마는 아이들에게 "가만 보니 너희가 또다시 산에 오를 때가 된 것 같구나!"라고 말한다. 남매는 이 말이 무슨 뜻인지 알고 있다. 아이들은 재빨리 소파에 올라가 소파 등받이에 앉고, 엄마는 소파 한가운데 앉는다. 이제 아이들은 자신들이 방금 다툰 장면을 거리를 두고 관찰한다. 저 아래에서 장난을 치다 싸웠던 아이들이 다른 아이들인 것처럼 바라보는 것이다.

"이제 아주 객관적으로 생각해 보자꾸나! 무엇이 보이고, 또 무엇이 들리니? 여자아이가 남자아이에게 뭐라고 말했니?"

엄마는 사실을 객관적으로 바라보게 하기 위해 이같이 질문한다. 마티나는 자신이 펠릭스의 말을 잘못 이해했음을 깨닫는다. 그 이상은 중요하지 않다. 아이들은 마음을 가라앉히고 화해한다.

〈산에 오르기〉의 목적은 둘 중 누구의 말이 옳은지 따지거나 잘잘못을 가리기 위한 것이 아니다. 그보다는 아이들의 감정과 기분을 무시하지 않고 스스로 깨닫게 하는 데 있다.

사례를 하나 더 들어보겠다. 토어스텐은 잔뜩 짜증이 나 있다. 할머니의 생일잔치에서 선보일 미뉴에트 연주 연습에 최선을 다했지만 토어스텐에게는 너무나 어렵게만 느껴졌다. 토어스텐은 실망한 나머지 자신에게 음악적 재능이 없다고 여기고 피아노를 그만두고 싶은 마음마저 든다.

이때 아빠가 〈산에 오르기〉를 제안한다. 두 사람은 높은 곳에서 이 장면을 함께 내려다본다. 토어스텐은 자신이 관찰하고 있는 열한 살짜리 소년이 지나치게 스스로를 압박하고 있음을 깨닫는다. 그리고 소년이 특정 부분에서 계속 실수를 저지르고 있다는 것도 알게 된다.

아빠는 미뉴에트 중 치기 어려운 소절을 토어스텐의 작은 손으로도 연주할 수 있도록 단순화시켜준다. 토어스텐은 이 방법을 통해 피아노 연주에 흥미를 잃지 않게 되었다.

〈산에 오르기〉는 자신이 처한 상황에 맞춰 언제든 변형시킬 수 있다. 예를 들어 아이와 함께 산책하거나 언덕이나 전망대에 올라간다고 상상해보라. 그곳에서 자신이 처한 어려운 상황을 차분하게 거리를 둔 채 바라보고 이야기하는 것이다.

: 3장 :

예민한 아이의
난폭한 행동의 원인

완벽함을 추구하는 아이의 내적 갈등

"도저히 이유를 모르겠습니다. 우리 막스는 정말이지 더할 나위 없
이 상냥한 아이거든요. 그런데 가끔 미친 듯이 화를 내고 날뛰면서
방금 자신이 정성 들여 만든 것을 망가뜨리곤 해요. 평소에는 차분
한 놀이를 좋아하고 조용한 편인데, 흥분하면 집이 들썩거릴 정도로
고함을 쳐 댄다니까요."

아이의 아버지는 혼란과 무력감이 뒤섞인 표정으로 말했다. 온갖
해결책을 마련해보았지만 헛일이었다. 엄격한 훈육도, 애정 어린 훈계
도, 장기간의 심리분석도 아이의 분노 폭발을 막을 수는 없었다. 아이
의 아버지는 "약한 진정제라도 처방받아야 하는 거 아닐까요?"라고 물
었다.

막스가 갑작스레 날뛰는 이유는 아이의 내면에 은밀한 공격성이
나 파괴적 충동이 숨어 있기 때문이 아니다. 아이에게 평정심을 유지하
라고 훈계하거나 양심의 가책을 느끼게 하는 것도 의미 없는 일이다. 평
소에는 다른 아이들과 잘 어울리고 부모에게도 착한 아들이기 때문이
다. 또한 한번 날뛰고 난 뒤에는 어차피 아이 스스로 반성하고 후회하기
때문이다. 신경안정제 같은 것은 특히나 불필요하다!

난폭한 행동의 원인은 예민한 사람이라면 누구나 겪는 내적 갈등
때문이다. 어른이든 아이든 마찬가지다. 예민한 사람들은 절대적인 완전

성을 추구한다. 보통은 완벽해지려고 노력하는 데 그치지만, 이들은 현실에서는 거의 달성할 수 없는 완전무결함을 갈망한다. 이들이 추구하는 목표는 경이로울 정도의 능력 발휘나 모범적인 행동거지일 수 있다.

지나치게 높은 목표를 지향하는 탓에 과도한 부담이나 실패는 이미 예정된 것이나 다름없다. 목표했던 바가 실패로 돌아가고 그것이 헛된 꿈이었음을 깨닫는 순간 아이는 깊은 자괴감에 빠져 난폭한 행동을 보인다. 어린 막스 역시 스스로 설정한 기준을 충족하지 못했다는 존재론적 고통에 시달리는 것이다. 비록 그것이 나무 블록 쌓는 놀이에 불과하더라도 말이다.

실패와 난폭한 행동 뒤에는 수치심, 체념, 자신을 향한 질타, 자기 비하의 감정이 아이를 덮친다. 대부분 이처럼 깊디깊은 실망의 골짜기로 내려간 후에는 다음번에는 잘해내고야 말겠다고 굳은 결심을 한다. 또다시 자기를 혹사해가며 절대적인 목표를 이루고자 갈망하지만, 이번에도 실패로 치닫기는 마찬가지다. 참고로 이런 일이 언제나 난폭한 소동으로 이어지는 것은 아니다. 예민한 성인들의 경우에는 폭발하고픈 충동을 억누를 줄 아는 사람이 많다. 대신 이들은 내적으로 폭발하고 만다. 그러면 에너지가 자기 자신을 향해 분출되면서 흔히 신체적인 증상이 동반된다.

자기 혹사는 대개 에너지 소진 상태를 초래한다. 이쯤 되면 예민한 사람들은 부담을 피하려 들고 세상으로부터 달아나려 한다. 세상과 단절하고 은신하면서 자기 보호의 시간을 갖는다. 그런 뒤 자기 자신과 주

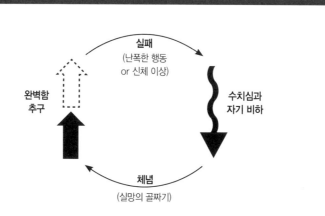

완벽함 추구, 절대적인 조화에 대한 관념, 높은 도덕관, 완전무결, 완벽하고자 하는 공명심, 자기 혹사

포기, 실패, 수치심, 양심의 가책, 신체적 증상, 자기 보호, 기피, 은신, 세상으로부터의 도피, 지나친 움츠림

위 사람들, 그리고 자신을 둘러싼 세상이 어떻게 만들어졌는지에 대해 애초에 상상했던 바를 곱씹고는 또다시 자기 혹사에 돌입한다. 특히 성인들은 항상 도달할 수 없는 목표를 설정하기 때문에 결국에는 에너지 결핍이 야기된다. 성취를 통한 에너지 재생산은 생각할 수도 없다. 체념의 단계가 이미 질병 증상을 동반할 경우 성인들은 번 아웃에 빠지기 쉽다.

내적 갈등으로 고통받는 아이

아이가 지나치게 높은 목표를 추구하다 실패해 고통스러워하며 분노를 폭발시킬 때 부모는 어떻게 대응해야 할까? 우선 아이의 공격성에 흔들리지 말고 평정을 유지하는 일이 무엇보다 중요하다. 훈계나 처벌은 물론 어떤 개인적 평가도 입 밖에 내어서는 안 된다. 인생을 다 아는 것처럼 행동해서도 안 된다. 그저 아이 곁에서 아이를 괴롭히는 비극적인 상황을 존중해주어야 한다. 성급히 개입했다가는 되레 아이를 더 힘들게 할 수 있다. 세상에 자기 혼자만 남았다고 생각하며, 가장 가까운 사람들에게서조차 이해받지 못하는 외톨박이라는 사실을 아이에게 인식시켜주는 셈이 되기 때문이다.

난폭해진 아이 진정시키기

예민한 아이들이 보이는 분노와 발작은 보통 울음으로 시작되는데 이때 아무에게도 방해받지 않으면 울음이 서서히 잦아들면서 진정된다. 부모가 덩달아 전전긍긍하기보다는 아이의 고통과 눈물을 존중해주어야 한다. 부모도 예민한 성격이라면 언제쯤 아이에게 다가가야 할지 감이 올 것이다. 말보다는 신체적 접촉을 시도하는 편이 낫다. 어떤 말로도 아이의 괴로움을 달래줄 수 없기 때문이다. 아이가 신체 접촉을 거부할 경우 아이의 의사를 존중하고 거리를 유지하며 곁에 있어 주어라. 그러나 이것 역시 억지로 해서는 안 된다.

이런 상황에서 아이를 진정시키기 위해 이마를 짚어 주는 것도 좋은 방법이다. 단, 아이가 받아들인다면 말이다. 이러한 행동은 아이를 진정시키는 것과 동시에 스트레스를 완화시키는 효과가 있다. 다른 한 손으로 뒷머리를 보호하듯 감싼 채 아이를 꽉 껴안아주면 더욱 효과적이다.

그러나 주의할 점이 있다. 부모 자신도 스트레스를 받고 있으면, 다시 말해 아이와 똑같이 괴롭거나 흥분한 상태라면 오히려 역효과만 날 뿐이다. 부모의 스트레스가 아이에게 전해져 아이의 긴장감이 증폭될 위험이 있기 때문이다.

부모의 도움과 이해가 절실한 상황에서 부모가 자신을 보호해주기는커녕 오히려 비난한다고 느끼면, 아이는 커다란 실망감에 휩싸여 부모에게 자신의 솔직한 속내를 드러내지 않으려 들지 모른다. 그리고는 부모에게 부담을 주지 않기 위해 마음을 닫은 채 혼자 틀어박혀 버릴 것이다.

어린 시절 내적 갈등을 겪었을 때 나에겐 무엇이 도움이 되었을까?
여러분이 예민한 사람이라면 어릴 적에 이와 비슷한 내적 갈등을 경험해본 적이 있을 것이다. 그 상황에서 어른들이 어떻게 대처했는지 되돌아보라. 당신은 흥분을 누그러뜨리기 위해 어른들이 어떻게 해주기를 바랐나? 어떤 대처가 여러분에게 도움이 되었나? 그리고 지금 여러분은 이러한 내적 갈등을 겪을 때 어떻게 대응하고 있는가?

아이가 좀 더 성장한 뒤에는 어떨까? 일반적인 접촉, 특히 신체 접촉을 완강히 거부할 것이다. 이때는 아이의 생각을 존중해주어야 한다. 살다 보면 괴로운 순간도 있지만 곧 지나가기 마련이라는 사실을 일찌감치 경험하게 하면, 아이는 고통을 비롯한 다른 감정에 건설적으로 대처하는 법을 내면 깊이 새길 것이다.

다양한 감정을 의식적으로 느끼고 받아들이다 보면, 각각의 감정들이 서서히 변화하다가 때가 되면 저절로 해소된다. 예를 들어 실패로 인한 괴로움은 통찰과 명료한 깨달음, 위안과 신뢰로 변한다.

아이는 그때그때의 감정을 받아들임으로써 자신의 상태에 스스로 영향력을 발휘할 수 있음을 체험하고, 실패로 인한 부담을 이겨내는 정신적 힘이 자신의 내면에 존재한다는 믿음을 갖게 된다. 이 과정이 자주 반복되다 보면 나중에는 의식하지 않아도 자동으로 이러한 반응이 나타날 것이다.

자기 신체와 소통하기

예민한 아이들은 자신의 본성이 제대로 받아들여지지 않으면 그런 상황에 적응하려 애쓴다. 하지만 그로 인해 자기 신체와의 소통 능력은 상실하고 만다. 그리고 나중에는 이를 장애로 인식한다.

자세히 관찰해보면 이것 말고도 또 하나의 현상이 보인다. 예민한 아이들은 자신의 신체에 익숙해지는 일을 다른 사람들에 비해 어려워한다. 예민한 아이를 둔 부모 역시 이런 이야기를 자주 하고, 부모 역시 이런 경험을 한 경우가 많다.

이야기를 듣다 보면 부모도 자신의 신체를 자기 것으로 받아들이는 데 어려움을 겪고 있으며 이들의 영혼은 귀향을 갈구하는 것처럼 보인다. 가령 엄마 배 속에서 엄마와 공생을 통해 합일을 이루고 있었던 상태로 돌아가고자 하는 것이다.

• 목욕이나 부드러운 마사지 하기

부모들은 아이가 자신의 신체에 익숙해지도록 도울 수 있다. 아이가 허용하는 데까지 가까이 다가가서 신체 접촉을 하고, 어떤 활동이든 함께하며 기쁨을 느끼는 것이 그 방법이다. 어린아이들의 경우 목욕이나 부드러운 마사지가 효과가 있다.

• 의식적인 활동으로 자신의 힘 느끼기

아이가 좀 더 성장한 뒤에는 의식적인 활동, 체조나 춤 등을 함께할 수 있다. 근육을 만들면서 자신의 작은 몸에 깃들어 있는 힘을 느낌으로써 아이는 자신이 이미 엄마의 몸에서 벗어났다는 사실을 받아들일 수 있다. 나아가 아이는 자기 몸을 스스로 움직이며 살아가는 독립체임을 깨닫게 된다.

• 운동하는 습관 들이기

예민한 아이는 일찍부터 운동하는 습관을 들이면 매우 유익하다. 특히

어려서 몸놀이의 즐거움을 맛보면 커서도 운동을 즐기면서 신체 능력
을 마음껏 발휘할 수 있다. 예민한 아이들은 엄마나 아빠와 함께 새로운
일에 도전하기를 좋아하는데, 시기를 놓치면 새로운 운동을 시도해보
는 것조차 꺼리게 된다.

예민한 남자아이로 살아간다는 것

남자아이들은 커가면서 남자다운 품성을 기대하는 시선과 마주하게 된
다. 하지만 여성 양육자 위주로 움직이는 양육체계에서, 그리고 자신의
남성상에 스스로 확신하지 못하는 아버지 슬하에서, 남자다운 품성 계
발은 결코 쉬운 일이 아니다. 특히 예민한 남자아이에게는 더더욱 그렇
다. 남자가 된다는 것은 무엇일까? 그리고 예민한 남자로 살아간다는
것은 어떤 의미일까?

　예민한 남자아이들은 기질적으로 남성적 성향에 호의적이지 않
다. 기존의 강하고 거친 남자들의 세계에 대해 거부감도 크다. 그러다
보니 이들의 남성상에는 공백이 생기고 미디어가 보여주는 이상형이나
실현될 수 없는 우상으로 이 공백을 채울 수밖에 없다. 이것이 완전성을
추구하는 성향과 맞물리면서 내적 갈등이 일어나고 예민한 남자아이의
딜레마를 한층 심화시킨다.

　예민한 기질과 남성성을 어떻게 조화시킬지 알려주는 본보기는

지금까진 없다. 나름대로 조화로운 인생을 개척해나가는 일은 예민한 남자아이들의 몫이다. 그 첫걸음은 예민한 기질 그대로 자신을 받아들이는 배짱과 용기를 내는 것이다. 그 다음에야 비로소 남성적인 에너지와 예민한 기질이 조화된 삶을 살 수 있다. 그러면 내적인 풍요로움과 외적인 성취를 불러오는 풍성하고도 강렬한 인생이 이들 앞에 펼쳐질 것이다.

너도 맞서란 말이야!

아이들은 몸싸움을 벌이거나 장난삼아 툭탁거리면서 자신의 에너지와 신체를 조절하는 연습을 한다. 남자아이는 물론이고 여자아이 중에도 다수가 이러한 놀이를 즐긴다. 반면 예민한 아이들은 성별의 구분 없이 몸을 사리는 것이 보통이다. 타인과 승강이를 벌이는 일에 익숙하지 않아서다.

자기 에너지를 견주어보려고 사소한 주먹다짐을 유도하는 아이도 있는데, 예민한 아이들은 이런 행동을 좀처럼 이해하지 못하고 적절히 대응할 줄도 모른다. 대개는 상대방이 싸움을 걸어도 그러지 말라며 피하기 일쑤다. 간혹 상황이 자신에게 유리하고 도전 상대가 만만해 보이면 주먹다짐에 응하기도 한다.

나는 예민한 아이가 예닐곱 살 먹도록 다른 아이들의 시비에 맞설

줄 모른다고 걱정하는 부모들을 많이 봐왔다. 아이들은 친근함의 표현으로 친구를 툭툭 건드리다가 이내 주먹다짐을 벌이곤 한다. 하지만 예민한 남자아이는 이럴 때 제대로 대응하지 못한다. 워낙 폭력적인 성향이 맞지 않기 때문에 저항도 못 하고 맞기만 하는 것이다.

예민한 남자아이들은 다른 아이들이 투닥거리며 노는 것도 이해하지 못한다. 자신의 힘과 용기, 민첩함을 다른 아이들과 비교하는 일을 재미있어하지 않는다. 다른 아이들이 놀리거나 밀치거나 때리면 일단은 참는다. 그에 대항해야 한다는 생각조차 못 하는 경우도 다반사다. 부모는 "너도 똑같이 때려!"라고 채근하지만, 막상 아이가 주저하던 태도를 버리고 실제로 맞서면 부모의 기대와는 전혀 딴판의 결과가 나온다. 말 그대로 어딘가가 터져서 병원에 가야 할 정도로 흠씬 두들겨 패는 것이다. 힘 조절을 제대로 할 줄 몰라 때리는 힘을 어림하지 못하기 때문이다.

예민한 사람들은 공격적인 대응보다는 화해와 화합을 선호한다. 그러나 살다 보면 저항해야 할 때도 있다. 사람은 신체적 방어를 포함해 자신을 지키려는 시도에 실패를 거듭하며 자기 의지를 관철시키려는 일도 점점 피하게 된다. 덧붙이자면 예민한 여성들은 남성성을 이해하고 받아들이는 일을 어려워한다. 그러나 우리는 자연의 일부며 우리 안에 남아 있는 태초의 유산인 자연성을 존중하고 인정해야 한다.

새끼 사자 두 마리가 엎치락뒤치락 장난치는 장면을 상상해보라. 사자들은 형제들이나 어미 사자와 함께 놀고 있다. 다른 동물의 새끼를 상상해도 좋다. 고양이라든지 염소, 곰 등 좋아하는 동물이라면 무엇이든 좋다. 자세히 보면 동물들은 재미있게 놀 뿐이지 어느 쪽도 다치지 않는다. 스스로 자신의 힘을 시험하면서 성장해가는 것이다.

조작된 감정으로 애원하는 아이

어떤 부모들은 예민한 아이가 다른 아이들에 비해 '낫다'거나 '고상하다'고 믿고 싶어 한다. 그러나 이는 사실이 아니다. 물론 예민한 아이들은 타인이나 보편적 이해의 편에 서서 생각하는 경향이 있고 의협적인 연대의식을 발휘할 수도 있다. 그러나 이들에게도 손해를 보지 않고 자신의 욕구와 기대를 실현시키고자 하는 면이 있다.

예민한 아이들은 공개적인 대립과 갈등을 좋아하지 않을뿐더러 직접적이고 공개적으로 의지를 관철시키는 법을 배우려 들지 않는다. 대신 목표를 달성하기 위해 감각적인 인지능력, 상대방을 이해하는 능력, 공감능력을 활용한다. 그런데 이때 조작이 이루어지기 쉽다.

예를 들어 니나라는 소녀의 아빠는 딸이 애처로운 눈빛으로 애원하면 금세 마음이 흔들린다. 딸이 간절히 바라는 거라면 그 마음을 알아주어야 좋은 아빠가 아닐까 고민하게 된다. 니나는 이런 식으로 아빠를 교묘하게 조종하면서 제가 원하는 것은 기어이 얻어낸다.

대부분의 부모는 예민한 자녀가 이따금 이렇게 애원하는 방식으로 자신을 이용한다는 사실을 뒤늦게 눈치챈다. 그럴 때면 시간을 두고 그 일이 어떻게 일어났는지 곰곰이 생각해보라. 이때 앞에서 소개된 〈산에 오르기〉를 활용하는 것도 좋다. 아이는 어떤 수단(감정, 비교, 접촉 차단, 공격, 고집 등)을 사용했는가? 그것이 여러분의 허점을 찔렀는가? 여러분은 어떻게 항복하게 되었는가?

생각을 명료하게 정리하고 나면 다음번에는 좀 더 현명하게 대처할 수 있을 것이다. 아이와 그에 대해 대화를 나눌 수도 있다. 참고로 아이는 자신이 한 행동을 정확히 인식하지 못할 가능성이 많으므로 처벌이나 훈계는 무의미하다. 아이는 그저 예전에 성공했던 방법을 쓰는 것뿐이다. 아이에게 이 더 이상 조종당하지 않는 것만이 아이의 습관을 바로잡을 수 있다. "네가 무척 서운하다는 건 알지만, 그래도 이 영화는 보면 안 돼"라고 말하라. 그것이 아이를 돕는 방법이다. 그러면 아이는 원하는 것을 당당하게 표현할 용기를 얻게 될 것이다.

아빠와 힘겨루기

예민한 아이들은 어릴 때부터 몸놀이를 하며 물리적 힘에 익숙해져야 자신의 신체 능력을 정확히 알 수 있다. 싸움이나 경쟁이 교류와 연대의 표현일 수도 있음을 몸소 체험하다 보면 갈등에 대한 두려움도 감당할 수 있다.

예민한 남자아이는 아빠와 힘겨루기를 하며 노는 것이 좋다. 남성성을 접할 수 있을 뿐 아니라 힘과 감수성이 어떻게 조화되는지도 체험할 수 있기 때문이다. 아빠는 아이의 수준에 맞추어 힘 조절을 하기 때문에 아이와 가장 편안하게 몸놀이를 즐길 수 있는 상대다.

아들과 뒤엉켜 노는 일은 예민한 아빠에게도 치유 효과를 발휘한다. 이는 자신의 물리적 힘과 타협하는 간접적인 방식이다. 힘은 삶의 한 단면을 이루는 필수요소지만, 안타깝게도 폭력이나 파괴 본능과 동일시되는 경우가 많아 그 가치가 평가절하되는 일 또한 흔하다.

타고난 기질보다 부모의 태도가 더 중요하다

누구도 태어나면서부터 부모인 사람은 없다. 아이를 낳고 키우면서 부모의 역할을 처음 경험하는 것이다. 그래서 두려움을 이겨내고 부모의 역할을 더 잘 수행하기 위해 양육서나 주변 어르신들의 의견을 따르게 된다. 특히 요즘 부모들은 대개 자신이 생각하는 매뉴얼을 갖고 있다. 아이가 자신의 매뉴얼에 따라 잘 자라고 있다고 여겨지면 부모는 스스로 아이를 잘 키우고 있다고 생각하고 안심한다. 반면, 아이가 자신이 생각한 매뉴얼에서 자꾸 엇나가면 몹시 당황하며 부모로서 내가 뭔가 부족한가, 아니면 내가 잘못하고 있는 건 아닌가 하는 불편한 마음을 갖게 된다. 결국 그런 생각들에 쫓겨 양육은 점점 더 고달파지고 만다.

그렇다면 부모의 생각대로 잘 자라주는 아이와 그렇지 않은 아이의 차이는 무엇일까? 미국의 아동학자 알렉산더 토마스Alexander Thomas와 의학박사 스텔라 체스Stella Chess는 사람은 제각기 특정 속도와 활동 수준, 특유의 심적 상태와 적응력, 특정한 경향의 취약성과 탄력성, 특유의 선호와 불호 같은 독특한 기질을 가지고 태어난다고 보았다. 이들은 영아들을 순한easy 기질, 까다로운difficult 기질, 느린slow-to warm-up 기질로 구분하였다.

그들의 주장에 따르면 순한 기질의 아이는 먹고 배설하는 패턴이 규칙적이다. 적응력이 뛰어나고 낯선 사람이나 상황에 긍정적으로 반응하는 편이다. 까다로운 기질의 아이는 이와는 상반된다. 몸의 리듬이 불규칙해 먹고 자고 배설하는 것에 만족감을 표현하는 일이 거의 없다. 부정적 감정 표현이 많고, 달래기도 쉽지 않으며, 환경 변화에도 민감해 적응하는 데 시간이 오래 걸린다. 마지막으로 느린 기질의 아이는 순한 기질의 아이처럼 리듬도 규칙적이고 긍정적 감정 표현을 많이 하는 경향이 있다. 그러나 그러한 안정적인 모습에 다다르기까지 오랜 시간이 걸리며, 처음 노출되는 상황에 쉽게 움츠러들고, 적응 기간이 길며, 잘 운다.

이처럼 아이들은 제마다 다른 기질을 갖고 태어난다. 그러나 어떤 기질을 갖고 태어났는가보다 아이에게 더 중요한 것은 이러한 기질에 대한 부모의 태도, 즉 부모와의 '관계'다. 순한 기질의 아이 부모는 자신이 기대한 대로 아이가 잘 따라오면 자기가 부모 역할을 잘하고 있다고 생각하며 만족해한다. 그래서 크게 노력하지 않아도 아이와의 관계가 좋을 가능성이 크다. 반면 까다롭거나 느린 기질의 아이 부모는 자신들의 뜻대로 되지 않은 양육 상황에

당황한다. 아이가 보여주는 부정적인 반응에 놀라고 속상해하는 일도 잦다. 그래서 이 두 기질을 가진 아이의 부모는 양육에 더 많은 노력을 기울이지만, 그럼에도 불구하고 좋은 결과로 이어지는 경우가 그리 많지 않다. 오히려 아이의 불편해하는 모습이 자신의 부족함 때문이라는 자책으로 이어지는 경우가 많다. 이 때문에 양육은 더욱 힘겨워지고 부담스러워지고 아이와의 관계 역시 불편해진다.

이때 아이와 부모가 가장 많이 부딪히는 요소 중 하나가 바로 아이의 '예민함'이다. 특히 부모와는 다른 차원의 예민함을 가진 까다로운 기질의 아이를 키울 때 겪는 고충은 이루 말할 수 없이 크다. 그런데 이런 고충의 근원을 따라가다 보면 다른 기질을 가진 아이를 충분히 이해하고 수용하지 못하는 부모의 마음, 또는 태도와 만나게 된다.

좋은 기질이 있고, 나쁜 기질이 있는 것이 아니다. 기질에 양면성이 있을 뿐이다. 자라면서 다른 기질을 인정하고, 그 기질을 긍정적으로 발휘할 수 있는 환경이 제공되면 각 기질의 장점은 극대화된다. 소위 좋은 기질이 되는 것이다. 그러나 만약 부모가 자신이 원하는 기질로의 변화를 강요하면 아이의 타고난 기질은 장점이 아닌 단점이 되어 아이를 힘들게 한다. 소위 나쁜 기질이 되는 것이다. 아이의 기질을 이해해야 하는 이유와 목적이 바로 여기에 있다.

부모가 예민한 아이가 갖고 태어난 오감 및 직관의 잠재력을 이해하고, 이를 비난하는 대신 충분히 표현할 수 있도록 북돋워 주며, 아이가 인지한 것과 추론한 결과를 구분 지어 생각할 수 있도록 도와준다면 아이는 자신이 가진 예민함을 장점으로 변화시켜 이를 백 퍼센트 이상 발휘할 수 있을 것이다. 반면 부모가 예민한 아이를 자신들의 틀 안에 가둬놓고 키우면 아이는 자신의 감각을 잃은 채 남에게 이끌리는 삶에 만족하고 마는 자존감 낮은, 그러면서도 한편으로는 까탈스러운 아이가 될 수 있다. 이처럼 예민한 아이가 어떤 존재가 되느냐는 부모와의 관계에 달려 있다. 부모와 예민한 아이 사이의 긍정적 관계는 아이를 감수성이 뛰어난 개성 넘치는 아이로, 부정적 관계는 의존적이면서도 까탈스러운 아이로 만들 것이다.

제 2 부

예민한 아이를 위한
부모의 역할

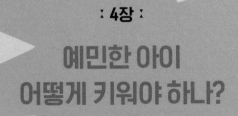

: 4장 :

예민한 아이
어떻게 키워야 하나?

무디고 강한 아이로 키우는 부모 vs. 응석받이로 키우는 부모

수 세대 전부터 예민한 아이를 둔 부모는 아이가 인생을 헤쳐 나갈 힘을 갖게 하기 위해 나름의 노력을 기울였다. 옛날 부모들은 아이가 조금만 예민한 기미를 보여도 이를 교정하고 아이를 강하게 단련시키려 했다. 그렇게 해야만 아이가 세상의 요구에 맞는 강인한 어른으로 자랄 수 있다고 믿었기 때문이다. 특히 예민한 남자아이에게 이런 양육방식이 강요되었다.

여자아이는 조금 다르다. 다른 사람을 잘 보살필 수 있는 예민함이라면 괜찮다고 여긴 것이다. 사람들은 예민한 기질이 오히려 이상적인 어머니상에 들어맞는다고 생각했기 때문에 그냥 두어도 된다고 생각했다. 그러나 아이의 욕구나 기분과 맞물린 예민함은 드러나지 못하도록 교육받았다.

예민한 아이는 남들이 자신에게서 무엇을 기대하는지, 남에게 잘 보이려면 어떻게 해야 하는지, 표현해도 되거나 안 되는 게 무엇인지를 예리하게 감지한다. 순응의 달인이라 할 수 있다. 적어도 어느 정도 순조로운 일상이 유지되는 한 말이다. 예전에는 오늘날에 비해 예민한 사람들이 남의 눈을 의식해 자신의 진짜 모습을 가면 뒤에 감추는 일이 훨씬 많았다. 심지어 어떤 이들은 남에게 보여주기 위해 거짓으로 꾸민 모습이 진짜 자기 모습이라고 믿기도 했다.

오늘날에도 일부 부모와 교사, 보육교사들은 예민한 아이가 힘든 삶을 잘 헤쳐 나가게 하려면 아이의 본질을 억제하고 강하게 단련시키는 길밖에 없다고 믿는다. 그러나 예민한 아이의 본래 기질을 없애거나 억제하려 들면 어떤 일이 생길까? 아이가 살아가는 데 필요한 특별한 재능을 망가뜨리게 된다. 아이가 유리하게 활용할 수 있는 재능 말이다. 말하자면 옛날 방식은 부모들의 목표와는 정반대의 결과만 불러온다. 예민한 아이를 더욱 약하게 만드는 것이다. 나아가 억눌린 예민함은 부담과 장애로 작용한다.

오늘날 많은 부모가 예민한 아이가 특유의 인지능력을 상실하면 생존에 필요한 장점을 잃고 이빨 빠진 호랑이나 다름없어진다는 사실을 점차 깨닫고 있다. 그러면서 불안감에 사로잡히고 만다. 자신도 심약한 경우가 많은 이런 부모는 아이에게 너무 감정을 이입한 나머지 아이와 더불어 극단으로 치닫기도 한다. 아이를 꽁꽁 싸맨 채 세상으로부터, 세상의 모든 도전으로부터 보호하려 드는 것이다. 그리고 아이가 조금만 예민하게 굴어도 오냐오냐하며 아이를 응석받이로 키운다.

부모들도 이것이 잘못된 방식임을 어렴풋이 느낀다. 세상은 도전과 냉혹함으로 가득 찬 곳이라는 사실을 부정할 수 없기 때문이다. 아이를 삶의 도전으로부터 보호하려 드는 부모는 아이를 방치하는 것이나 다름없다. 어느 순간 아이는 자기 힘으로 살아가야 하고 그러면 문제가 만천하에 드러날 것이다.

아이를 응석받이로 키우는 건 무디고 강하게 교육했던 옛날 방식과 마찬가지로 장기적인 해결책이 못 된다. 예민한 아이를 둔 수많은 부모는 아이의 응석을 받아주며 그냥저냥 일상을 지속해 나갈 것인지, 하루아침에 강제적이고 엄격한 방식으로 바꿀 것인지 결정하지 못하고 끊임없이 흔들린다. 자신도 아이만큼이나 예민하다는 사실을 직시하지 못하는 부모일수록 더 많은 고통을 겪는다. 게다가 모호하고 불안정한 부모의 태도가 예민한 아이에게 전달되어 아이를 한층 더 나약하게 만든다. 결국 아이의 기질을 적절히 조절해주는 일은 점점 더 어려워지고, 어떤 부모에게는 도저히 해결할 수 없는 난제가 되고 만다.

예민한 기질은 생존에 유용한 재능이 될 수 있다

이 딜레마는 두 극단적인 방법 사이에서 타협점을 찾아 해결할 수 있는 게 아니다. 사실 타협이란 받아들이기 쉽지 않고 아무도 만족시키지 못하는 경우가 많다. 여기서도 아이를 강하게 단련시키는 방식은 고통을 낳고, 지나친 너그러움은 제멋대로의 응석받이를 만드는데 둘 사이의 타협에는 끊임없는 균형 잡기와 노력이 요구되고 그러려면 고도의 집중력 또한 필요하다. 균형은 순식간에 무너질 수 있다. 그러면 그간의 노력이 무색할 정도로 나쁜 결과가 초래되고 만다. 따라서 미적지근한 타협은 장기적이고 신뢰할 만한 해결책이 될 수 없다.

이런 딜레마에서 벗어나려면 새로운 깨달음과 사고의 전환이 필요하다. 예민한 기질을 약점, 심지어 퇴화 현상으로 오해하는 사고방식은 특히나 문제를 일으키기 쉽다. 사람들이 이런 평가를 하게 되는 이유는 예민함이 장애의 형태로 드러날 때만 인지하기 때문이다. 그러나 자세히 관찰하면 예민함은 생존에 유리한 재능임을 알 수 있다. 예민한 기질에는 광범위하고 차별화된 인지능력이 포함되어 있는데 이는 다른 능력까지 발전시킬 수 있다. 한마디로 예민함은 단점이 아닌 장점이다.

이와 같은 새로운 관점과 평가는 딜레마를 해결하는 데 꼭 필요한 의식의 도약을 불러온다. 예민한 기질을 좋지 않은 것으로 여기고 억제하거나 없애려 해서는 안 된다. 그보다 이를 받아들이고, 나아가 의미 있는 방향으로 발전시켜야 한다.

세상은 점점 더 무조건적인 강인함과 무감각보다 의식적인 예민함을 요구한다. 물론 강하게 나가야 하는 상황도 있지만 이때도 정확히 선을 긋고 감각적으로 조절할 수 있어야 한다. 늘 강인해야 한다는 생각에 사로잡혀 있으면 불필요한 상황에서도 이를 내려놓을 수 없게 된다. 지나치게 강인함만 고집하다 보면 진실한 삶과 생동감을 잃게 된다.

예민한 인지능력을 지닌 아이가 스스로를 보호하거나 무언가 요구하는 일이 어느 선까지 의미 있으며 자신을 얼마만큼 강하게 만들어주는지 알게 된다면 더 이상 온오프 스위치처럼 이것 아니면 저것 식으로 행동하지 않아도 된다. 그보다는 밝기 조절 다이얼처럼 강인함과 유연함 사이에서 폭넓고 차별화된 스펙트럼에 섬세하게 자신을 맞출 수 있다.

참고로 여러분은 다음 표에서처럼 일상의 모든 딜레마에 이를 적

딜레마에서 벗어나기 위한 사고 전환

다음 도표는 아래에서 위의 순서로 읽으세요.

새로운 인식

강인한 태도와 자신을 보호하는 태도 사이에는 필요에 따라 선택할 수 있는 광범위한 스펙트럼이 존재한다. 그러면 예민한 기질을 활용해 다른 재능을 발전시키면 타고난 기질 덕분에 온갖 강렬한 체험을 누려 외적 성취와 내적 풍요로움을 달성할 수 있다. 정신적 · 신체적 건강 등도 마찬가지다.

새로운 깨달음을 통한 인식의 도약

예민한 기질은 약점이 아니라 생존에 유용하게 활용할 수 있는 재능이다. 따라서 이는 반드시 보존되어야 한다. 예민한 인지능력을 생존에 유리하게 활용하는 법을 배울 수 있다.

단련	딜레마	보호
아이가 세상에 맞설 수 있도록 강하게 단련시킴. 예민한 기질을 억제함. 아이의 재능 상실. 예민한 기질이 둔화됨. 예민함이 오로지 장애와 약점의 형태로만 드러남.	단련과 보호 사이에서 부모가 우유부단하게 흔들림. 두 가지 단점이 결합되어 양육 혼란만 불러옴.	세상으로부터 아이를 보호하려 함. 과도하게 아이를 감싸고 아이를 응석받이로 키움. 아이의 자립심과 생활력 상실.

용시킬 수 있다. 새로운 관점과 통찰력을 가지고 문제를 보면 장애물을 제거할 가능성이 더 커진다.

아이의 예민한 성격 받아들이기

많은 부모가 예민한 아이를 소아청소년과 의사들이나 심리치료사, 다양한 전문가들에게 보이기 위해 이리 뛰고 저리뛴다. 순전히 아이가 부모의 기준에 맞지 않는다는 이유로 말이다. 이런 대처방식은 옳지 않다. 그 이유는 첫째, 예민함은 병이 아니기 때문이다. 예민하다는 것은 기질적 특성일 뿐 이런 유형의 아이를 진단할 병명은 존재하지 않는다. 대신 자기 평가 테스트로 유형을 파악할 수는 있다. 이 테스트는 자신의 아이를 가장 잘 아는 부모가 대신해줄 수 있다.

둘째, 치료를 통해 타고난 기질을 원하는 방향으로 변화시킬 수 있다는 생각은 근본적으로 잘못된 것이다. 치료는 아이가 실제 아파서 고통받을 때만 의미 있다. 참고로 아이의 예민한 기질이 받아들여지지 않고 억제되는 경우 신체적 고통까지 유발할 수 있다. 의사나 치료사들을 전전해봤자 예민한 아이에게 도움이 되는 것은 하나도 없다. 오히려 오랫동안 차를 타고 이동하고 낯선 곳에서 낯선 사람을 만나 이야기하는 것은 아이에게 불필요한 부담을 가중시킬 뿐이다.

예민한 아이는 자신이 어딘가 잘못되었다거나 문제아일지 모른다고 생각하는 부모의 마음을 재빨리 알아차린다. 더불어 자신이 부모를 번거롭게 한다고 여겨 수치심을 느끼기도 한다. 치료보다는 부모가 아이를 사랑으로 품어주는 일이 더 필요하다. 그런데 본인의 예민함도 받아들이지 않는 부모가 과연 아이의 예민한 기질을 받아들일 수 있을까?

주위 사람들에게 받아들여져 본 적이 없는 사람은 스스로를 받아들이는 데도 어려움을 겪는다. 당연히 남뿐 아니라 자신의 아이를 받아들이는 것도 어려워한다. 또한 자기 아이는 이러이러해야 한다는 강박 관념을 쉽게 떨쳐버리지 못한다. 예민한 아이는 다른 사람, 특히 부모의 이런 사고방식이나 에너지를 남달리 예민하게 받아들인다. 있는 그대로의 자기 모습이 옳지 못하다거나 남에게 흔쾌히 받아들여지지 못한다는 느낌은 아이를 심약하게 하고 스트레스를 주며 급기야는 자기 자신조차 거부하게 한다.

현재 모습에 저항하기를 포기할 때 변화의 가능성이 생긴다. 그 첫걸음은 받아들이는 마음가짐이다. 그것만이 스스로를 변화시킨다. 다음 단계는 그러한 마음가짐으로 아이를 바라보는 것이다. 아이의 존재 자체뿐 아니라 아이의 기질로 인한 모든 자극에 감사하는 마음을 가져야 한다.

예민함의 개념을 명확하게 정립하라

자신이 생각하고 인지한 것을 타인과 공유하기 위해서는 명확한 개념 정리가 필요하다. 개념 정리는 자신과 대화를 나눌 때도 유용하다. 사람들은 때로 개념과 현실을 혼동하거나 심지어 동일시하기도 한다. 하지만 두 가지는 별개다. 개념은 한정하는 역할을 한다. 만물이 존재하는 방식은 언제나 우리가 추구하는 개념보다 폭넓으므로 이를 한정할 필요가 있다. 개념은 많은 것을 설명해주고 그것이 나타내고자 하는 바에 우리가 쉽게 접근하게 해준다.

나는 내가 체험하는 모든 일에 하나의 개념이 존재한다는 사실을 깨달음으로써 예민한 기질에 관해 내가 생각하고 깨닫는 것, 그리고 그것을 대하는 방식을 새롭게 정립할 수 있게 되었다.

그러나 때로는 개념이 진실로 통하는 문을 막을 수도 있다. 아이들에게 '예민함'이라는 낙인을 찍어서는 안 된다. 중요한 것은 아이의 존재와 본질 전체를 있는 그대로 받아들이는 일이다. 있는 그대로의 '수용'은 아이에게 자신감을 주고 스스로 인지하고 깨닫고 느끼는 모든 것을 신뢰할 수 있도록 도와준다. 그러면 아이는 다른 사람의 의견에 휩쓸리지 않고 혹시 있을지 모를 적대감이나 어려움을 잘 참아내게 된다.

누군가 아이에게 예민하다고 말할 수 있다. 그러나 아이가 이 말을 어떻게 받아들일지 걱정할 필요는 없다. 그저 아이와 이 주제에 관해 차분히 대화를 나누어라. 아이에게 예민한 기질이 어떤 모습으로 나타나는지 설명해주는 게 좋다. 이는 예민함이라는 개념에 구체성을 부여해준다. 동시에 아이가 가진 다른 성향과 재능, 특징도 함께 거론해 균형 잡힌 시각을 갖도록 한다. 예민한 기질 한 가지만 가진 사람은 세상에 존재하지 않는다.

여러분도 예민한 기질을 지녔다면 자신에게 이런 식으로 접근하는 것이 좋다. 여러분은 그저 예민하기만 한 게 아니라 다른 수많은 특성도 갖고 있다. 이런 특성 중에는 여러분을 타인과 구별시켜 주는 것도, 여러분을 타인과 유사하게 해주는 것도 있다. 예민한 기질과 마찬가지로 말이다.

수용하기

'수용'은 한 개인의 행동이나 태도를 긍정적으로 인식하는 것이다. 이는 추구하고 노력한다고 되는 게 아니라 내버려두기를 통해서만 가능해진다. 스스로를 수용할 때 우리는 깊은 평온과 확신을 느끼고 삶의 모든 영역에서 홀가분한 해방감을 맛보게 된다. 그러나 이러한 상태는 물질처럼 영구히 잡아둘 수 있는 것이 아니므로 끊임없이 노력해야 한다. 수용하는 자세가 몸에 밸 때까지 지속적으로 연습해야 한다.

예전에 수도원에서 수행을 목적으로 한 명상인 관조를 통해서도 연습이 가능하다. 관조에 빠져 있을 때는 모든 생각과 상상이 하나의 개념으로 승화되고 모든 의미와 형상 또한 관조를 통해 정립된다. 이때 의식의 초점이 맞추어지는 지점이 바로 수용이다.

여러분은 오래전부터 존재해온 것을 그저 받아들이기만 하면 된다. 수용에는 정신적 영역이 포함된다. 예컨대 감사하는 마음도 수용과 관련이 있다. 내가 현재의 모습으로 존재하는 것에 대해, 이러이러한 길을 걸어온 것에 대해 있는 그대로 모든 것에 대해 감사하는 마음은 내적 마음가짐이나 인지, 나아가 삶 전체에 고루 스며들 것이다.

감정 이입하기

또 다른 훈련법은 있는 그대로의 자신이 타인에 의해 받아들여졌을 때의 상태를 일단 상상만이라도 해보는 것이다. 평생 결핍을 느끼며 살아온 사람들은 자신이 그토록 오랫동안 갈망해온 것이 무엇인지 정확히 알고 있다. 갈망하던 그대로 타인에게 받아들여진다면 어떤 기분, 어떤 감정이 들까? 이 질문을 깊이 되새겨보라.

　　혹시 여러분 주위에 지극히 자연스럽게 받아들일 줄 아는 자세를 가진 사람이 있을지도 모른다. 그들의 마음 상태에 자신을 이입해 보라. 그들 곁에 앉아 그들의 감정에 어느 정도 동화되거나 휩쓸린다는 상상을 해보는 것도 때로는 도움이 될 것이다.

플라토닉 충전소

철학자 플라톤은 '수용'이나 '조건 없는 사랑' 같은 관념이 우주에 존재한다고 여겼다. 우리 인간들은 살면서 그 잔영을 체험하는 것이다.

여러분도 플라톤의 기본 가정이 맞다고 전제하고 종이 한 장을 펼쳐놓은 뒤 이 제한된 공간이 수용이라는 관념의 통로가 된다고 상상해보라. 그리고 그 공간과 마주한 채 자기 자신을 수용이라는 관념과 연결지어보라. 이때 지나치게 힘을 들여 어떤 의지를 갖기보다는 모든 과정이 자연스럽게 일어나도록 해야 한다. 그리고 여러분 신체에 어떤 영향을 미치는지 느껴보라.

에너지를 충전하고, 많은 사람에게 치유와 해방의 효과를 불러일으킨 이 단순한 훈련법을 자주 반복하는 것이 좋다.

: 5장 :

예민한 부모
무엇이 문제일까?

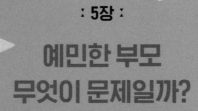

나도 예민한 사람일까?

☐ 나는 다른 사람들에 비해 도심에서 쇼핑하는 일을 힘들어한다.

☐ 다른 사람들에 비해 영화나 텔레비전에 나오는 폭력적인 장면에 강한 인상을 받는다.

☐ 다른 사람들보다 훨씬 잘 놀란다.

☐ 사회적 불평등과 관련된 이야기는 내게 강한 인상을 남긴다. 이럴 때 나는 이 문제의 당사
자가 된 것 같은 느낌을 받기도 한다.

☐ 상점에 들어가려면 긴장되고 내부 구조를 파악하는 데 시간이 오래 걸린다.

☐ 다른 사람들보다 소리, 냄새, 빛과 어둠, 움직임에 훨씬 예민하게 반응한다.

☐ 다른 사람들보다 여행을 힘들어한다.

☐ 여러 사람들과 어울리면 쉬이 지친다.

☐ 지극히 사소한 일인데도 머릿속에서 생각이 떠나지 않거나, 다른 사람들이나 내가 한 말
중 되돌릴 수 없는 말이 머릿속을 맴도는 경우가 자주 있다.

☐ 이따금 다른 사람들이 그저 속으로만 했을 생각이나 말을 들은 것 같은 기분이 든다.

☐ 중단한 일이나 완벽하게 해내지 못한 일이 머릿속을 떠나지 않는 경우가 자주 있다.

☐ 다른 사람의 기분이 어떤지, 그들이 무엇을 필요로 하는지 매우 정확히 감지한다.

☐ 다른 사람들이 인지하지 못하는 것을 인지한 탓에 오해받는다는 느낌을 자주 받는다.

☐ 사람들로 북적이는 장소나 대규모 모임은 최대한 피하는 편이다.

☐ 소음은 내게 육체적인 불편까지 일으킨다.

☐ 어릴 적에 선생님에게 야단맞는 친구를 보며 큰 충격을 받은 경험이 있다. 나와는 전혀 상관없
는 일임에도 내가 야단맞는 것 같은 느낌을 받았다.

☐ 해결되지 않은 갈등이나 다툼이 있으면 몸이 불편하게 느껴질 정도로 거북하다. 내가 그 일
에 직접 연루되어 있지 않은 경우에도 그렇다.

☐ 다른 사람들의 기분에 필요 이상으로 영향을 받는다.

☐ 무언가를 강요받으면 신경이 곤두서고 몸에 이상 증상을 일으킬 만큼 스트레스를 받는다.

☐ 안정을 되찾기 위해 혼자 있는 시간이 비교적 많이 필요하다.

☐ 주위 사람들과 화목하게 지내는 것을 중시하며, 불화가 생기면 그로 인해 매우 괴로워한다.

☐ 갈등 상황을 최대한 피하는 편이다. 내 의견을 관철해야 할 경우에도 이를 회피하다가 뒤
늦게야 그렇게 행동한 자신에게 화를 낸다.

☐ 나 자신의 이해관계보다는 다른 사람들의 권리나 보편적인 요구를 대변하는 일에서 성과
를 거두는 편이다.

☐ 다른 사람들의 말을 귀 기울여 들어주고, 그들을 이해하는 데 능숙하며, 누군가 문제를 겪
으면 독려해주기도 한다. 반면 자신은 남들로부터 이해받지 못한다고 느낀다.

스물네 가지 항목 중 절반 이상에 해당한다면 당신은 예민한 기질을 지녔다고 볼 수 있다. 그런 경우 이 책에서 다루는 주제는 당신에게도 해당한다. 위 항목들은 예민한 사람들의 본질적 특성에 대한 일반적인 묘사기도 하다.

예민한 아이와 부모

예민하지 않은 부모와의 관계

예민한 아이와 예민하지 않은 부 또는 모의 관계는 양쪽 모두가 예민한 경우에 비해 단순하다. 예민한 기질 및 그에 상응하는 관점을 지니고 있지 않은 부모는 아이에게 더욱 명확한 태도를 보이는 경우가 많기 때문이다. 자신이 어떤 성향을 지녔는지에 대한 이해가 전혀 없는 경우도 마찬가지다.

예컨대 이런 부모는 아이에게 기대하는 바를 명확하게 제시한다. 또한 아이가 성취할 가능성이 있는 것을 요구한다. 나아가 선을 그을 줄도 안다. 부모가 기대하는 것은 일반적인 기준에서 크게 벗어나지 않는다. 그래서 아이는 부모를 다소 엄격하다고 느끼면서도 바깥세상의 대변자로 여긴다. 이런 부모는 예민한 부모에 비해 예측하기 쉽다.

다만 부모 중 예민하지 않은 쪽이 예민한 배우자와 부정적인 경험을 한 적이 있거나 갈등을 겪을 경우, 이것이 예민한 아이와의 관계에 영향을 끼칠 수 있다. 예를 들어 예민하지 않은 남편이 예민한 아내에게 "또 시작이군!"이라고 말하며 한숨을 내뱉으면 아이는 아빠와 접촉하는 일을 꺼리게 될지도 모른다.

예민한 부모와의 관계

예민한 아이가 예민한 부모와 관계를 맺는 것은 훨씬 더 복잡하다. 예민한 아빠나 엄마는 아이에게서 자기와 유사한 면을 발견하고 이 부분에 민감하게 반응한다. 결과적으로 자기 자신 및 예민한 기질을 대하는 부모의 태도는 아이에게도 그대로 반영된다.

예민한 부모가 자기 자신을 거부하는가? 자신보다 덜 예민한 사람들에게 거부반응을 보이면서도 정작 자신은 그들처럼 평범해 보이려 애쓰는가? 모든 사람이 자신과 같아야 한다고 생각하는가? 자신의 예민한 기질을 성숙한 태도로 받아들이는가, 아니면 풀리지 않은 내적 갈등으로 여기는가? 이 모든 요소는 예민한 부모가 예민한 아이를 대하는 태도에 영향을 미친다.

• 예민한 특성 거부하기

예민한 부모가 예민한 아이에게서 자신과 비슷한 성향을 발견하면 의욕을 불태우기도 한다. 자신도 그런 기질과 타협하지 못한 탓에 아이에게서도 그러한 특성을 없애버리려 하는 것이다. 이 과정은 지극히 미묘하게 이루어진다. 무의식적으로 일어나는 표정 변화, 어조, 거의 알아차리기 어려운 접촉 회피 등이 그것이다. 대개는 당사자 자신도 이를 인지하지 못하지만, 예민한 아이는 바로 간파한다. 이렇게 예민한 부모는 자기 자신에 대한 거부감을 아이에게 고스란히 물려주게 된다.

• 예민한 기질 이상화하기

이와는 정반대인 경우도 있다. 자신의 본질을 억제하고 자신을 부정하며 다수에게 맞춰 살아온 예민한 부모가 정작 아이에게서는 이 특성을 계발하려 드는 것이다. 심지어 예민한 기질을 이상화하기까지 한다. 이들은 아이가 조금만 동요해도 과도하게 흔들린다. 아이는 자신보다 나은 삶을 살아야 한다는 강박관념에 사로잡혀 필요 이상으로 아이의 부담을 덜어주려 한다. 그러다 보면 아이가 즉흥적으로 표출하는 바람이나 욕구, 기분에 온 가족이 지배당한다.

한번은 개별 상담을 하는 과정에서 예민한 부모와 예민한 아이의 관계가 명확히 드러난 적이 있다. 의뢰인이자 예민한 엄마인 엘자는 자신과 유사한 성격의 딸을 애지중지했다. 공주처럼 옷을 입히고, 아이 앞에 놓인 모든 난관을 앞장서서 해결해주었을 뿐 아니라, 딸아이에게 심하다 싶을 정도로 깊은 애착을 보였다. 엄마 자신이 소망하는 것, 자신에게 부족하다고 느끼는 것, 속으로는 갈망하면서도 남들 앞에서는 드러내지 못한 것을 딸이 대신해주길 바랐다.

반면에 아들에게는 자신이 당했던 엄격한 훈육방식을 고수했다. 자신도 그러한 훈육으로 경직된 행동방식을 갖게 되었으면서 말이다. 더군다나 남편에게는 군대식에 가까울 정도로 거칠고 강압적인 태도를 보였다. 상담 중 어릴 적 고통스러워했던 부분에 관해 이야기하기 시작하자 엘자의 경직된 태도가 풀렸고, 여러 차례 눈물을 펑펑 쏟더니 결국 치료를 중단하고 말았다.

• 불명확한 양육 태도

거부하거나 이상화하는 것보다 더 흔히 볼 수 있는 모습은 그때그때 달라지는 양육 태도다. 우리는 좋은 의도에서 아이를 방임하는 부모들을 자주 목격한다. 아이에게 행동의 자유를 부여하는 것이다. 그러나 자유에 대한 책임까지 지는 일은 아이에게 아직 큰 부담이다. 불명확한 양육 태도를 취하는 부모들은 한없이 너그럽다가도 갑작스럽게 태도를 바꾸어 과도한 훈육을 한다. 이때 부모는 일시적으로 아이에게 지침을 내리며 엄격한 모습을 보이지만, 이런 태도가 꾸준히 유지되는 것은 아니다.

이처럼 불안정한 너그러움과 자유는 아이에게 신뢰도 안정감도 주지 못한다. 아이는 오락가락하는 양육방식으로 인해 혼란에 빠진다. 그리고 부모를 믿지 못하고 자기 자신을 알아서 챙겨야겠다는 결론에 도달한다. 이렇게 되면 아이는 부모의 방임을 최대한 이용하려 들며 부모의 요구를 무용지물로 만들 방법을 모색한다.

일반적으로 예민한 아이들은 양육 수단을 부모의 의도보다 훨씬 진지하게 받아들이며 이에 순종하려 노력한다. 그래서 들쑥날쑥 변하는 부모의 양육 태도 앞에서 방향감각을 잃을 수밖에 없다. 부모의 뜻에 맞추려는 노력을 멈추지 않으면 아이들은 자신을 조절하는 데 있어서도 일관성 없는 양육 방식을 표본으로 삼는다. 말하자면 한없이 나태한 시기와 자신을 혹독하게 채찍질하는 시기가 반복되는 것이다. 나는 예민한 사람들이 이처럼 들쑥날쑥한 인생을 사는 경우를 자주 보았다.

유전자 외에도 부모가 아이들에게 물려주는 것이 하나 더 있다. 의식적으로 무언가를 이해하고 계발시키는 데 성공할 경우 그 성과를 물려주고, 풀지 못한 문제가 남아 있으면 이것도 무거운 짐처럼 떠맡긴다. 아이에게 어떤 유전자를 물려주느냐는 우리의 직접적인 영향력 밖에 있다. 그러나 어떤 사고방식을 전해줄 것인가, 얼마나 의식적인 태도를 물려줄 것인가는 얼마든지 영향력을 발휘할 수 있다.

• 애정과 공감이 동반된 권위

예민한 부모와 예민한 아이 사이에 긍정적인 관계가 형성되는 것은 가능하다. 그러기 위해서는 부모가 예민함이라는 재능을 활용해 아이가 필요로 하는 것을 제공해주어야 한다. 애정과 공감이 동반된 권위가 바로 그것이다. 이때 부모는 부모고 아이는 아이라는 원칙이 지켜진다.

부모와 아이는 서로 얽혀 있는 관계가 아니라 마주 보는 관계에 있어야 한다. 아이와 마주 보는 부모는 급한 상황을 제외하고는 자신을 지나치게 채찍질하지 않는다. 마찬가지로 아이에게도 부담을 주기보다는 아이가 성장하는 데 유익한 만큼만 독려한다. 그리고 아이가 세상의 규칙과 요구에 잘 부응하며 살아갈 수 있도록 돕는다. 아이가 필요로 하는 만큼만 지원하고, 강한 부모가 되기 위해 노력하며, 아이와 마주 보면서도 자신의 안녕에 주의를 기울인다. 이런 부모 슬하에서 아이는 명확한 선과 규칙, 책임영역이 주어진 여유로운 유년기를 보내게 된다.

여러분도 가정에서 일어나는 일들을 주의 깊게 관찰함으로써 앞에서 이야기한 양육법을 얼마만큼 실천하고 있는지 검토해라. 아이와 의사소통을 어떤 방식과 어조로 하고 있는가? 참고로 모든 말을 듣기 좋게 달콤한 투로 해야 한다는 것은 아니다. 전달하고자 하는 의도 그대로 객관적이고 차분한 어조로 말하는 것만으로도 충분하다.

예민한 배우자와 아이

두 가지 성향 중 아이가 본인의 성향과 같은 쪽이 더 쉬울 것이라고 생각한다면 오산이다. 그보다는 부모가 자기 자신과 자신의 본질적 특성을 어떤 마음가짐으로 대하는지, 그리고 타인과 그들의 성향에 대해 어떤 태도를 보이는지가 중요하다.

예민한 사람들은 이따금 배우자가 자신처럼 예민한 편이 더 나았을 것이라고 말하곤 한다. 반대로 예민하지 않은 배우자는 상대방의 성격이 그토록 예민하지 않았더라면 모든 게 더할 나위 없이 좋았을 거라고 말하다. 예민한 사람은 덜 예민한 배우자에게서 이해받지 못한다고 느끼고, 덜 예민한 사람은 예민한 배우자 때문에 신경이 곤두서는 일이 부지기수라고 생각한다.

　　여기서부터 전선이 형성되고 우위를 점하기 위한 전쟁이 시작된다. 이기는 사람 없는 싸움에서 고통은 고스란히 아이들 몫이 된다. 예민한 아이들은 고통을 훨씬 더 강하게, 더 일찍부터 느낀다는 사실을 명심하라.

예민한 두 사람이 결합한 경우

예민한 두 사람이 결합하면 두 사람은 매우 멋진 부부관계를 영위할 수도 있다. 이런 부부는 아무 말 않고도 서로의 속내를 이해하고, 서로에게 의지하며, 포근한 안식처가 되어줄 수도 있다. 그러나 안타깝게도 상담을 하면서 이런 부부를 만난 경우는 드물었다. 대부분은 서로에게 지나치게 동화되다 못해 조화로운 관계를 망쳤다. 부부가 서로 내면으로만 파고드는 바람에 틀에 박힌 일상을 타파하고 새로운 것을 발견할 동기가 모자랐던 탓이다.

　　긴장감과 도전의식의 결핍은 어마어마한 권태를 낳는다. 이로 인해 부부관계가 파탄에 이르는 사례도 헤아릴 수 없이 많이 보았다. 무료한 일상과 커지는 불만이 맞물리면 더욱 그렇다. 긴장된 분위기에서 갈등이 발생하면 이는 첨예하면서도 간접적인 형태로 표출된다. 앞서도 언급했듯이 예민한 이들은 직접적인 갈등을 피한다. 동시에 특별한 인지능력으로 배우자의 약점이나 다치기 쉬운 성향을 매우 정확하게 파악한다. 그래서 대놓고 갈등을 빚는 대신 약점을 겨냥해 보이지 않는 미세한 공격을 가한다. 이로 인해 배우자가 상처를 받는다 해도 원인 제공자가 누구인지 파악하기 어려울 정도로 말이다.

예민한 두 사람이 결합할 때는 성숙한 마음가짐과 발전에 대한 의지가 요구된다. 중요한 것은 이때 서로 밀접한 공생 관계를 맺는 일은 피해야 한다. 두 사람이 각자 제 삶의 영역을 지키며 혼자서 조용히 성찰할 공간을 서로에게 허용해야 비로소 삶의 생기와 긴장감도 유지될 수 있다. 생동감 넘치는 긴장감은 부부간의 지나친 융화나 소통의 부재, 또는 끝없는 다툼이 야기되지 않도록 해준다.

예민한 두 사람의 결합은 예민한 아이에게도 영향을 미친다. 가족 간의 경계선이 존중된다면 아이에게 유익한 영향을 미칠 것이고, 불확실성이 지배적이라면 아이는 살얼음판을 딛는 듯 불안한 유년기를 보내게 될 것이다.

이러한 가족 구도에서는 외부 사람들과 충분히 접촉하며 그들의 본질적 특성을 파악하고 존중하는 법을 배우는 일이 중요하다. 어떻게 보면 이 가족에게는 반대의 성격모델이 결핍되어 있는 셈이다. 덜 예민한 사람들은 대개 명확성과 일관성, 행동 중심적인 태도를 좀 더 잘 갖추고 있으므로 예민한 아이들이 이런 점을 본보기로 삼을 수 있다.

예민한 사람과 예민하지 않은 사람이 결합한 경우

보통은 부모 중 한 사람만 예민하고 다른 쪽은 덜 예민하거나 평균적인 정도의 예민함만 지닌 경우가 아이에게는 좀 더 유리하다. 아이는 서로 다른 두 가지 성향을 보고 배우며, 살아가는 데도 두 가지 경우를 모두 고려할 수 있기 때문이다. 서로 다른 부모로부터 아이는 상반된 인지방식과 사고방식, 행동방식을 경험하는데, 양쪽 모두 나름의 정당성과 장점, 한계를 갖는다. 부모는 서로 균형을 맞추며 이상적으로 서로를 보완하기도 한다.

이런 가정의 아이는 신중한 태도와 결단력 있는 행동거지, 삼가는 태도와 대담함, 다른 대안이나 가능성을 고려하는 태도와 확고한 신념, 예민한 사람 특유의 조건문과 일반적인 사람들이 쓰는 직설화법 사이에 광범위한 대안이 있다는 것을 배우고 이를 존중할 수 있게 된다. 모든 것이 긍정적인 방향으로 흘러가면 아이는 부모 중 한쪽으로부터는 공감과 이해를, 다른 쪽으로부터는 명확한 태도와 안정감을 얻게 된다. 다만 부모가 서로를 사랑하고 포용하며 소중히 여길 경우에만 이런 장점이 살아난다.

상반된 성향을 지닌 두 사람은 상대방이 자신에게는 없는 특성을 지녔다는 점 때문에 처음에는 서로 끌린다. 사랑과 애착도 이렇게 탄생한다. 그런데 나중에는 자신이 지닌 특성이 상대방에게는 결핍되어 있다는 이유로 배우자를 비난할 가능성도 있다. 하지만 배우자는 아마도 그런 특성을 가졌던 적이 한 번도 없을 것이다. 특히 예민한 사람의 특별한 인지능력은 상대방의 결핍이나 불완전한 면을 간파하는 데 쓰이는 경우가 많다. 반면에 상대방이 지닌 특성은 간과하기 쉽다.

덜 예민한 배우자가 줄 수 있는 긍정적인 자극

예민한 사람 중 다수는 덜 예민한 이들을 대할 때 거부감이 있으며 그들의 본질적 특성을 존중하지도 않는다. 이런 마음가짐을 갖추고 있으면 자신의 배우자나 덜 예민한 아이, 기타 주위 사람들을 평가절하하기 쉽다. 그러나 덜 예민한 사람은 때로 예민한 사람에게 긍정적인 동력이 되기도 한다. 가령 48세의 안더스 프리데리케 부인은 이런 이야기를 했다.

"별로 예민하지 않은 남편이 아니었더라면 예민한 성격을 지닌 저는 아마도 항상 같은 장소에서 휴가를 보내고, 늘 똑같은 카페만 찾으며, 사람들과 접촉하는 일도 점점 더 꺼렸을 겁니다. 제 인간관계도 협소해졌을 테고요. 저는 아이들을 애정 어린 태도로 대하지만, 덜 예민한 내 남편이 아이들에게 해주는 것은 못 합니다."

예민한 사람들만 있다면 이 세상이 어떻게 될지 여러분도 한번 상상해보라!

덜 예민한 사람들이 지닌 또 다른 강점들
▷강한 현실감각과 실현 가능한 것에 대한 감각
▷행동 중심적인 성향
▷자신의 이해를 명확히 대변할 줄 아는 능력
▷타인을 대할 때 어떤 사람인지 어림하기 쉬움
▷갈등을 두려워하지 않음

예민한 부모

예민한 아빠

남성들은 자신이 예민한 사람일지도 모른다는 생각을 미처 하지 못하는 경우가 많다. 수많은 남성이 사회화 과정을 통해 예민한 기질을 내면 깊숙이 가두어버린 탓이다. 구석기 시대 같은 환경에서라면 사정이 달랐을 것이다. 이들은 흔적을 읽는 데 뛰어난 탐색자 역할을 도맡아 위험을 조기에 인지함으로써 동족들을 보호하는 데 결정적인 역할을 했을 테고, 예민한 사람 특유의 직관력과 친화력은 부족의 안녕과 안정에 많은 도움이 되었을 것이다.

독일의 예민한 남성들은 역사적 특성 때문에 특히 더 곤란한 상황을 겪었다. 20세기에 세계대전이 일어나고 몰락이 야기된 데는 남성성에 대한 광적인 집착도 한몫했기 때문이다. 남성들은 전쟁의 유혹에 넘어간 죄인이자 패배자 신세로 전장에서 돌아왔다. 게다가 이들이 부재한 동안 여성들은 남성의 역할을 얼마든지 대체할 수 있음을 증명했다. 다른 어느 나라에서도 남성성의 위기가 이처럼 어마어마한 강도로 대두한 적은 없다. 다른 나라에서는 남성들이 공격자의 침입에 용감하게 맞서 승리를 거둠으로써 가족과 나라를 지켜냈으니까 말이다. 온전히 인간으로서만 존재하며 자신의 특성을 있는 그대로 누리는 일이 더 쉽고 여유로웠을 것이며 예민한 기질을 지닌 사람도 마찬가지였을 것이다.

오늘날의 남성들은 진퇴양난의 상황에 빠져 있다. 사람들은 남성에게서 남성성을 기대하는 한편, 그들의 탈선을 남성성과 연관 짓기도 한다. 또한 여성들은 남성에게 모험을 기대하는 경우가 많은데, 실패하기 쉬운 것 역시 모험이다. 지나치게 남성적인 사람은 경멸받고, 남자답지 못한 사람은 아무런 가치도 없는 것으로 평가절하한다. 특히 예민한 남성은 이와 같은 모순적인 기대에 다른 사람들보다 훨씬 많이 노출되어 있다.

• 아이를 돌보는 것을 부담스러워하는 아빠

예민한 사람들에게는 일반적인 부부관계나 가족관계조차 하나의 도전이다. 예민한 아빠에게는 아이를 돌보는 것이 특히 큰 부담으로 다가온다. 아빠로서 적절히 양육에 참여하지 못하거나 심지어 양육 과정에서 소외될 경우 이들은 점점 더 일에만 파고들 위험이 있다. 그렇게 되면 아이들은 아빠와의 접촉이 거의 불가능해진다. 아버지의 부재는 제때 인지되지 못하는 경우가 많다. 아이의 성장 과정에서 아버지의 존재가 결핍되었다는 사실은 뒤늦게야 드러난다.

• 가족에게 몰입하는 아빠

이와 대조되는 유형으로는 가족에게 온전히 몰입하는 아빠다. 이런 아빠들은 아이들과 많은 시간을 보내는 것은 물론 좋은 남편이 되기 위해 온갖 노력을 기울인다. 한마디로 모범적인 아버지다. 이런 남성들은 어려서도 모범적인 아들이었을 경우가 많다. 자신과 관련 있는 일은 아무리 사소한 문제라도 금세 인지하고 이를 해결하기 위해 최선을 다한다.

그러나 이들은 아이에게 최선을 다하되 좋은 모범이 되지는 못한다. 이런 아버지를 보고 아들은 남자로서 살아가는 것에 막연한 부담감을 느낀다. 그러면 어른이 되고 싶은 마음은 사라져버린다. 예민한 남자아이일수록 수많은 남성이 겪는 이러한 딜레마를 꿰뚫어볼 가능성이 크다. 예민한 남성들에게는 자신의 성향을 인정할 용기는 물론 온전한 남자로서 존재할 용기 역시 필요하다.

그런데 이를 달성하기 어려운 이유는 무엇일까? 예민한 기질이 영향력을 발휘하려면 남자다운 힘을 통해 이를 보완하는 것이 이상적인 조건 아닐까? 예민함과 남성성의 결합이 남자다운 힘을 차별적·건설적인 방향으로 발휘하기 위한 최고의 길이라 할 수 있지 않을까? 그러나 이 두 가지를 성공적으로 조화시키는 데 성공한 남성들은 소수에 불과하다. 혹시 우리 아들 세대에서는 이러한 과제를 풀어낼 수 있을까?

예민한 엄마

예민한 여성은 전통적으로 전해 내려오는 이상적인 어머니상에 매우 가깝다. 가족들이 일일이 얘기하지 않아도 각 가족 구성원에게 무엇이 필요한지 알고 타인을 보살피는 데 헌신할 자세가 되어 있기 때문이다. 이런 재능을 타고났을 뿐 아니라 앞에서도 언급한 것처럼 자기 자신에게 엄격한 기준을 적용하기 때문에 어머니로서의 임무를 수행하는 데 특별히 뛰어난 재능을 보인다.

다만 그런 임무를 수행하느라 너무 지쳤거나 보살핌을 필요로 하게 된 상태가 되면 문제다. 이쯤 되면 예민한 엄마는 자신이 불이익을 받고 있으며, 자신이 남을 보살피는 만큼 자신을 돌봐주는 사람이 없음을 깨닫는다. 예민한 사람들의 가장 큰 위험요소는 타인을 위하느라 자기 자신을 망각한다는 점이다. 이것이 여성의 역할과 맞물리면 예민한 여성들은 처음에는 남편을 위해, 나중에는 아이들을 위해 자신을 버리는 위험까지도 감수한다.

예민한 남성으로 산다는 것

다음 도표는 아래에서 위의 순서로 읽으세요.

결과

힘, 남성성, 예민한 기질은 서로를 보완한다. 예민함은 힘과 남성성에 차별성과 본질을 부여하며, 남성적인 힘과 예민함의 조합은 더 큰 능력발휘와 성공의 지름길이 된다.

인지

남성성과 예민함을 함께 받아들인다. 두 성향이 서로 유익하게 작용하여 갈등이 파괴적으로 발현되는 것을 방지하며, 양자의 결합은 서로를 보완한다.

힘과 남성성의 위험요소	딜레마	예민한 기질
방종, 파괴적 행동, 배려 없는 태도, 공격성, 이기주의.	예민한 기질을 받아들일 용기 부족. 힘과 남성성을 받아들일 용기 부족. 거북한 상황을 회피하거나 그로부터 재빨리 벗어나려는 태도, 경직된 힘, 힘과 영향력이 결여된 예민함, 자기 체념, 민감함과 공격성의 갑작스러운 발현.	자신의 입지와 이해관계 포기, 배려, 도전 회피, 이타주의.

말하자면 이런 여성은 일정 정도 남편이나 아이들의 삶을 대신 사는 셈이 된다. 그들의 관점에서 사물을 인지하고, 그들의 감정이나 욕구, 정신적 동요를 함께 느끼며, 그들을 대신해 해결책을 모색한다. 하지만 그 과정에서 남편에게 인생의 동반자로서 존재감을 주지 못한다는 사실을 깨닫는다. 하지만 깨달았을 때는 이미 너무 늦을지 모른다. 배우자는 다른 곳에서 더욱 흥미진진한 만남의 상대를 찾았을 가능성이 높다. 그것이 더 많은 도전과 생기를 약속해주기 때문이다. 혹은 아내의 보살핌과 사랑받는 일을 그저 즐기기만 할 수도 있다. 아내의 자기 희생을 당연한 자기 권리로 누리면서 말이다. 우리는 제2의 누군가가 되기 위해 세상에 태어난 것이 아님을 잊지 말라.

아이에게 집착하는 엄마

합일과 조화에 대한 갈망을 채워줄 수 있는 배우자는 없다. 남성들은 여성과는 다른 방식으로 사회화되었기 때문이다. 아무리 예민한 기질을 가진 남성이라도 자신의 본질적 특성을 대하는 방식은 여성과는 전혀 다르다. 예민한 여성은 엄마가 되는 즉시 아이에게서 어떤 정신적 연결점을 찾으며 아이와 자신을 동일시한다. 사람은 더욱 숭고한 어떤 것, 예컨대 인도주의의 추구, 철학이나 예술, 영성이나 신 등에 대한 열망이 결여되면 합일에 대한 열망이나 염원을 작은 것에 맞춰 안주하려는 유혹에 빠지기 쉽다.

따라서 엄마들도 아이가 성장함에 따라 눈을 들어 주위를 둘러보며 더 넓은 세상으로 나아가려 해야 한다. 물론 엄마에게서 느끼는 포근함과 안락함은 아이가 세상을 탐색해나가는 데 근간이 된다. 그러나 동시에 아이는 자기만의 친구를 찾고 나름의 인간관계를 쌓아나가며 자기의 영역을 개척해야 한다. 일부 예민한 엄마들은 시간이 흐르고 아이가 성장해도 좀처럼 협소한 시각에서 벗어나지 못하고 아이에게 집착하곤 한다.

아빠를 경쟁 상대로 여기는 엄마

가족관계가 위험한 방향으로 가는 첫 징후는 바로 엄마가 아이에 대한 아빠의 접촉을 차단하려 드는 것이다. 영어로는 이러한 현상을 'Maternal Gate Keeper', 즉 '모성적 문지기'라고 한다. 자신을 아이의 문지기로 여기는 것이다. 이런 엄마들은 아빠와 아이의 접촉을 통제하고 제한하려 든다. 아빠가 아이를 위해 하는 일 또는 아이와 함께 하는 일이 엄마 편에서는 모두 못마땅하게만 보이는 것이다. 그래서 남편을 비판하고, 남편이 확신을 잃게 함으로써 자신이 아이에게 없어서는 안 될 존재임을 부각하는 데 심혈을 기울인다. 나아가 자신이 얼마나 큰 부담을 떠안고 있는지 하소연한다. 이렇게 하다 보면 아빠와 아이의 관계가 저해되는 것은 물론, 가족 안에서 아빠가 소외당하는 경우도 심심치 않게 발생한다. 그러면 비로소 모든 장애물이 제거되고 엄마는 아이를 독차지할 수 있게 되는 것이다.

이런 현상은 결코 드물지 않게 나타나며, 예민한 엄마들에게 특히 자주 목격된다. 또한 여기서도 경험의 대물림이 나타난다. 이런 여성들 대부분이 유년기에 엄마의 집착을 경험한 경우가 많다. 특정한 인물에게 온전히, 가능한 최고의 강도로 자신을 맞추는 법을 일찍부터 배운 셈이다. 그러나 아빠라든지, 기타 애착 대상과 삶을 꾸려나가는 방법은 배우지 못한다. 이런 관계 맺기의 표본은 친구 관계에도 적용되어 타인과의 어울림 또한 한 사람에게만 국한된다. 이 역시 아이들에게 대물림될 것은 불 보듯 뻔하다.

이런 식으로 아빠를 빼앗기고 나면 아이들은 정신적 독립과 자주적 자기 계발을 해나가는 데 필요한 남성적 요소가 결여된 채 삶을 살아가야 한다. 그러니 아이가 엄마와 아빠를 모두 경험할 수 있도록 부부가 함께 아이를 돌보는 것이 좋다. 엄마는 적극적으로 아빠가 자기 목소리를 낼 수 있도록 양육에 참여시켜야 한다. 그렇지 않으면 아이가 아빠의 관점을 전혀 경험하지 못할 수 있다.

예민한 엄마를 위한 체크리스트
▷ 다른 가족 구성원이 아이와 무언가 함께 하는 것을 보면 동요를 느끼는가?
▷ 다른 사람들이 아이를 돌봐주면 부담을 덜고 느긋하게 그 시간을 즐길 수 있는가?
▷ 다른 아이들이 내 아이와 놀기 위해 다가오면 이들을 반갑게 맞이하는가?
▷ 아이가 오로지 당신의 보살핌 하에서만 무언가를 하는 것을 선호하는가?
▷ 오로지 자녀 양육과 어머니의 역할에만 충실한가?
▷ 배우자로서 또는 한 여성으로서 나름의 관심사와 욕구가 있는가?

〈꼬마 한스〉의 비극

독일에는 〈꼬마 한스〉라는 동요가 있다. 독일 아이들이 즐겨 부르는, 지극히 평범하지만 눈여겨봐야 할 노래다.

> 꼬마 한스가 혼자서
>
> 넓은 세상으로 나갔답니다.
>
> 지팡이와 모자가 잘 어울리는
>
> 유쾌한 소년이에요.
>
> 그런데 엄마가 우네요.
>
> 꼬마 한스가 떠나버렸으니까요.
>
> 그래서 한스는
>
> 재빨리 집으로 돌아왔대요.

안타깝게도 수많은 예민한 엄마들은 오늘날에도 이 동요의 내용처럼 아이를 대한다. 꼬마 한스는 엄마에게 지나치게 감정이입을 함으로써 더 넓은 세상으로 나가고 싶은 개인적 욕구는 물론 유쾌한 기분을 음미할 기회조차 잃어버린다. 버림받았다고 여기는 엄마의 눈물이 한스의 마음을 주저앉힌 것이다.

엄마는 인정받고자 하는 자신의 욕구를 상쇄시키기 위해 예민한 아이를 필요로 한다. 그리고 아이를 자신의 곁에 단단히 묶어둔다. 이런 엄마는 아이를 응석받이로 키우며 아이의 약점을 강조함으로써 넓은 세상에 대한 두려움을 심어주기까지 한다.

아이와의 거리 조절하기

이런 경우 해결책은 무엇일까? 바로 자신의 영역을 넓히려는 아이의 시도를 허용하는 일, 아이와 거리를 둔 채 세상으로 나가려는 아이의 첫걸음을 함께 하는 일, 낯선 이들과의 만남에 대비하도록 돕는 일, 아이가 넘어졌을 때 곁에 있어 주는 일 등이 그것이다. 아이는 세상을 향해 내딛는 첫걸음을 부모가 기꺼이 허락해줄 때만 확신을 갖는다.

예민한 아이에게는 일찍부터 다양한 사람들과의 접촉을 경험하게 하는 것이 좋다. 중요한 것은 그러한 경험이 엄마와 멀어지는 것이라 여기게 해서는 안 된다는 점이다. 그러면 아이는 엄마의 사랑과 자유 중 한 가지를 선택해야 한다고 생각하기 때문이다. '가정'이라는 울타리의 안쪽과 바깥은 대립 관계가 아니라 상호 보완 관계에 있다. 이런 조건이 뒷받침되면 아이는 더 강해지고 확신과 용기를 얻게 된다. 넓은 세상으로 나아가는 작은 첫걸음뿐 아니라 그 후 세상을 살아가는 데 있어 아이에게 힘이 되어줄 것이다.

꼬마 한스의 딜레마

앞서 언급한 동요에서 꼬마 한스는 딜레마에 빠진다. 엄마의 눈물 앞에 주저앉느냐, 아니면 안타깝지만 엄마의 마음은 물론이고 자신의 감정을 외면하느냐의 갈림길에 선 것이다. 지팡이와 모자, 세상으로 나가는 유쾌한 첫걸음을 포기해야 할까? 아니면 편안함과 따사로운 감정을 포기해야 할까?

어느 쪽을 택하든 한스는 죄책감을 갖게 된다. 하나는 엄마에 대한 죄책감, 다른 하나는 자기 자신의 소망을 충족시키고 남자로서의 사명을 다하지 않았다는 죄책감이다. 엄마의 눈물을 거두어주는 쪽을 택하면 그는 자기 자신을 상실한다. 반대로 눈물을 무릅쓰고 떠난다 해도 잃는 것은 있다. 바로 자신의 감정으로 향하는 통로가 차단당하는 것이다. 감정은 사람을 약하게 만들 수 있으므로 한스의 눈에는 무척이나 위험한 것으로 비친다. 그래서 이를 차단해버리는 것이다.

수많은 소년은 감정을 포기하고 남성성을 택한다. 예민한 남자아이들은 특히 감정에 지배당하는 것을 위험하게 여겨 감정을 더욱더 차단할 가능성이 있다. 동시에 자아의 중요한 한 부분을 상실하게 된다. 그리고 나면 주변 사람들은 그가 예민하다는 사실을 거의 알아차리지 못한다. 하지만 그에게 무언가가 결핍되어 있다는 사실은 어렴풋이 느낄 수 있을 것이다.

부모의 과도한 간섭이 불러 일으키는 것

예민한 아이들에게 지나치게 주의를 기울이는 장본인은 바로 예민한 부모다. 부모의 지나친 관심은 아이에게 부담이자 자극이 될 수 있다. 아이는 그것이 어떤 종류의 관심인지 즉각 감지한다. 이를 사랑이라 할 수 있을까? 상대방을 옥죄고 옭아매고 무언가를 기대하는 것이 사랑일까, 아니면 상대방을 강하고 자유롭게 만들어주는 것이 사랑일까?

아이는 이런 부모에게서 관찰과 감시와 평가를 받고 비교당하기까지 한다. 부모는 아이에게 제동을 걸거나 몰아대고, 조종하고 강요하며, 과도하게 보살피고 보호한다. 고도의 안전 시스템을 갖춘 감옥에 갇혀 있는 죄수와 다를 바 없다. 아이는 이런 상황에서 탈출하기 위해 일종의 정보 차단을 설치하고 부모 앞에서 침묵한다.

한 엄마가 만 5세 딸이 소아청소년과 의사에게서 '선택적 함구증' 진단을 받았다고 이야기한 적이 있다. 유치원이 파한 뒤 집에 오면 어딘지 침울해 보였는데 무슨 일인지 도통 입을 열지 않았다는 것이다. 닦달할수록 엄마 앞에서만 침묵하는 '선택적 함구증'은 악화될 뿐이었다.

아이의 침묵에는 이유가 있었다. 바로 유치원에서 외톨이로 시간을 보내는 게 원인이었던 것이다. 친구들은 이 아이를 받아들이기는 하되 함께 놀려고 하지 않았다. 완전히 따돌림당하지 않도록 노력하는 것만으로도 아이는 큰 부담이었던 것이다. 그러잖아도 끊임없이 조바심을 치는 엄마에게 이런 이야기를 털어놓으면 엄마는 또다시 간섭하려 들 테고 상황만 악화시킬 게 뻔했다. 아이는 엄마가 개입할 것이라는 사실은 물론이고 그것이 어떤 결과를 낳을지도 알고 있었던 것이다.

많은 아이들이 부모의 지나친 간섭에 수동적으로 저항하는 길을 택한다. 그리고 독립적인 존재로서 부모의 포위를 버텨내기 위해 경직된 정신 상태에 돌입한다. 이런 상태는 추운 겨울에 비유할 수 있다.

부모의 정신적 학대
• 아이를 절친한 친구로 여기는 부모

예민한 아이를 자신과 가장 친밀한 상대로 여기는 부모들이 종종 눈에 띈다. 예를 들어 딸이 엄마의 가장 친한 친구 역할을 해주어야 하는 경우가 있다. 그러나 이는 아이의 영역을 침범하는 행위다. 아이가 부모 문제를 함께 괴로워하고 부담을 받기 때문이다.

예민한 아이가 이런 정신적 학대를 적극적으로 받아들이는 경향도 없지는 않다. 이런 아이들은 처음에는 부모의 신뢰를 받음으로써 얻게 되는 혜택을 누린다. 이는 대개 성취감과 자기 확인을 통해 느끼는 즐거움 같은 것이다. 아이들은 부모와 깊은 대화를 나눌 수 있는 것을 매우 좋아하며 자신이 중요한 존재라는 기분에 젖는다. 그 과정에서 아이다운 경쾌함과 또래 친구들과의 친밀함을 놓친다는 것은 미처 눈치 채지 못한 채 말이다.

부모는 아이를 희생시킴으로써 자신의 정신적 부담을 덜게 될지는 모르지만, 아이는 자신을 그토록 필요로 하는 부모가 정작 자신의 이야기에는 귀를 기울여주지 않는다는 사실을 느끼기 시작한다. 그리고 엄마나 아빠의 고민거리 때문에 괴로워하던 아이는 여기에서 받은 부담을 해소해야 하는 순간이 오면 정신적 공황상태에 빠진다.

• 아이를 자신의 거울로 삼는 부모

정신적 학대의 다음 단계는 부모 중 한쪽이 아이를 독차지하고 자신의 거울로 삼는 일이다. 아이는 그렇게 하는 엄마 또는 아빠와 똑같이 생각하고 행동할 때만 부모의 칭찬과 애정을 얻는다. 반면 나름의 감정적 동요를 표출할 경우 칭찬과 애정은 즉각 사라진다. 이때 아이는 부모가 냉정하다고 느낀다. 아이는 부모에게 기생하며 그들에게 자신을 맞춤으로써 원하는 모든 것을 얻느냐, 아니면 자신의 본질을 표출함으로써 최소한의 필요만 충족하느냐의 갈림길에 서게 된다. 후자를 택하면 아이는 홀로 내버려진다. 그리고 그 전까지 이미 세상으로부터 차단되어 있었기 때문에 세상이 낯설게만 느껴진다.

부모에게 좌지우지되며 자란 아이는 성인이 된 후에도 타인에게 동화되려 애쓴다. 일정 정도 타인의 거울 역할을 하며 세상을 살아가고, 간혹 상대방의 감정을 똑같이 느끼며 그게 자기 자신이 느끼는 것이라고 생각하기에 이른다. 자기감정이란 낯설기만 하다. 참된 인간관계를 맺는 능력도 거의 없다고 봐야 한다. 애초부터 누군가와 관계를 맺는 것 자체가 불가능하거나, 맺더라도 공생 아니면 단절이라는 공식을 되풀이한다.

이처럼 극단적인 유형의 학대에 예민한 아이만큼 적합한 희생양도 없다. 일반적으로 폭력이나 성적인 인권침해는 배척되고 형사법에 따라 처벌받지만, 정신적 인권침해는 품위 있고 애정 어린 것으로 간주한다. 그에 저항하는 사람은 까다롭게 군다는 눈초리를 받는다. 그러나 아이의 향후 삶에 미치는 영향력은 전자와 마찬가지로 어마어마하다.

부모와 아이의 역할 찾기

아이에게 최고의 친구가 되어줄 수 있다고 믿는 부모는 아이에게서 부모를 빼앗는 것과 마찬가지다. 친구는 집 밖에서도 얼마든지 찾을 수 있고, 또 그래야만 한다. 우정은 끊임없이 재탄생되고 시간이 지남에 따라 상실되기도 한다. 개개인의 삶에 따라 우정은 새로운 모습을 갖추게 되고, 운이 좋으면 소수의 친구와 맺은 우정이 평생 유지될 수도 있다.

하지만 부모는 평생 존재한다. 한 번 부모는 영원히 부모다. 반면에 친구는 가정 밖에서 고르는 대상이다. 우정은 대체로 동등함을 바탕으로 형성된다. 친구 사이는 동등한 이해관계에서 서로 영향력을 갖는데, 영향력의 정도는 같을 수도 있고 다를 수도 있으나 어쨌든 서로를 보완한다. 반면에 부모와 아이 사이에는 명확한 역할이 따로 있다. 그런데 어떤 가족을 보면 아이의 가장 친한 친구 자리를 부모와 진짜 친구가 동시에 차지하고 있는 경우도 있다. 대신 부모의 자리는 비어 있다.

엄마와 아빠의 상은 우리 영혼의 원형이자 우리 내면세계에 존재하는 불변의 구성요소다. 그 상이 있어야 할 자리가 비어 있으면 앞으로 아이가 무엇으로 그 자리를 채워 넣겠는가? 자신의 지위를 부정하는 부모는 볼품없는 부모로 전락하고 만다. 부모가 아이에게 의지하면 아이는 부모를 돌보아야 할 의무감을 갖게 된다. 적어도 정신적으로는 그렇다. 부모와 아이의 역할이 뒤바뀌는 셈이다. 아이는 부모의 고뇌를 대신 짊어지고, 너무 이른 나이에 어른 역할을 하느라 정신적인 부담까지 떠안게 된다.

부모에게는 자신의 지위를 지킬 의무가 있다. 그래야만 아이들을 보호하고 지지해줄 수 있다. 부모가 가진 지식, 경험, 능력은 아이보다 더 큰 영향력을 갖고 있다. 예를 들면 부모에게는 가족의 생계를 책임질 능력이 있다. 그런데 부모가 부모 역할을 다하려 하지 않으면 아이가 그 빈틈을 메우려 애쓴다. 그러나 아이가 그 역할을 감당하기엔 버거울 수밖에 없다. 게다가 남달리 완벽함을 추구하는 예민한 아이는 자신의 능력이 부족함을 너무나 분명하게 인지한다.

결국은 부모의 부족한 책임감을 대신하느라 아이는 아이다운 경쾌함을 잃고 만다. 그리고 부모의 빈자리를 채우기 위해 다른 방법을 모색한다. 이때 어떤 권위가 그 빈자리를 차지하게 될지는 아무도 모르는 일이다.

양육의 딜레마에서 벗어나기

다음 도표는 아래에서 위의 순서로 읽으세요.

애정 어린 양육방식

부모 역할을 받아들이고 자신의 입지를 분명히 하는 부모만이 자연스러운 권위를 행사할 수 있다. 나아가 아이를 지지하고 보호하며 방향제시를 해줄 능력도 갖추게 된다. 명확하면서도 애정 어린 양육방식은 특히 예민한 아이들에게 힘을 실어주고 아이를 진정시키는 효과가 있다. 이로써 아이도 마음의 부담을 덜게 된다.

인지

아이에게 모든 것을 허락하고 무엇을 해도 눈감아주는 부모, 명확한 방향을 제시해주지 못하는 부모는 아이들에게 부담을 주며 아이를 방치한다. 이때 아이들은 일정 정도 자신을 스스로 양육해야 할 처지에 놓인다.

권위적 양육방식	딜레마	관대한 양육방식
엄격함, 규범 제시, 경직성, 보수적, 위계질서 중시, 처벌.	지나친 허용과 금지 사이에서 시계추처럼 흔들림. 부모와 아이 모두 정신적 부담을 떠안게 됨. 부모는 객관성을 잃은 채 경직되고 권위적인 태도를 보임. 부모와 아이 사이에 끊임없는 갈등 발생. 일관성을 되찾으려 애쓰며 아이에게 지나친 관심과 에너지를 쏟음.	부모와 아이는 동등하다는 사고방식에 기반을 두고 부모와 아이의 차이를 잘못 이해함으로써 양자 간의 경계가 불투명해짐. 권위 거부, 권위적인 부모가 되기를 회피함.

아양 떠는 고양이와 쥐 잡는 고양이

고양이는 아양을 떨고 싶을 때 주인에게 바짝 붙어 있기를 좋아한다. 그러다 스스로 만족하면 즉시 몸을 떼고 다시 제 갈 길을 간다. 가령 쥐를 잡으러 정원으로 나가기도 한다.

이때는 어른이든 아이든 고양이에겐 귀찮기만 하다. 그러다가 온기와 안락함이 필요하면 또다시 주인의 무릎 위로 올라온다. 그리고 충분하다고 느끼면 다시 내려간다. 고양이는 자기가 하고 싶은 대로 하도록 내버려두는 사람에게는 기꺼이 다시 찾아온다. 하지만 붙잡아두려고 하거나 내치는 사람은 피한다.

주인의 품으로 파고들기도 하고 쥐를 잡으러 나가기도 하는 고양이는 바로 우리 아이들이다. 엄마는 그저 자신의 자리를 지키며 아이가 가까이 다가올 때는 이를 즐기고, 아이가 자기만의 색깔을 찾아가는 것을 보며 흐뭇해하면 된다.

유치원에 간 곰돌이

예민한 아이가 처음 유치원에 가게 되었다면 곰돌이 인형에게 도움을 청해보라. 곰돌이가 먼저 낯선 환경에 적응하는 모습을 보여주는 것은 어떨까? 그러려면 곰돌이는 아이와 떨어져야 한다. 처음에는 곰돌이도 외로울 테지만, 유치원에 온 다른 동물 인형들도 많으니 괜찮다.

어떤 동물 인형이 낯선 친구들 사이에서 슬퍼하고 있으면 곰돌이가 다가가 위로해줄 수도 있다. 곰돌이는 그런 재능을 타고났다. 또 다른 동물 인형이 너무 수줍어하면 다른 친구들과 어울릴 수 있도록 곰돌이가 손을 내밀어 줘도 좋다. 그러고 나서 자기 주인인 아이에게 돌아와 자기가 겪은 이야기를 들려주는 것이다!

이 방법은 엄마에게도 도움이 된다. 아이를 유치원에 보낼 마음의 준비를 할 수 있기 때문이다. 의뢰인 중에는 어렸을 적 처음 유치원에 갔을 때 왠지 모를 죄책감이 들었다고 한다. 집에 남은 엄마가 혼자 외로워 보여서 불안감과 양심의 가책이 밀려왔다는 것이다.

: 6장 :

경계선 통제하는 법
배우기

자신의 영역을 결정짓는 경계선의 역할

이런저런 자녀 양육서를 읽다 보면 경계선이란 말이 자주 나온다. 의미가 명확하진 않지만 부모나 보육교사가 임의로 지정한 범위라는 느낌을 받게 된다. 그러나 경계선은 자의적이거나 일방적인 것이 아니라 상호간에 이루어지는 지극히 실제적인 범위다. 이때 중요한 것은 어떻게 규정한 영역이냐다. 그 영역은 각자 원하는 대로 설정할 수 없다. 임의대로 경계선을 지은 영역은 오래 유지될 수 없다. 영역, 즉 경계선은 오로지 우리가 그것을 지켜보고 감시할 수 있을 때, 이를 보호하고 방어할 능력이 있을 때만 유지된다.

시간이 흐르면서 경계선은 각자가 지닌 힘에 맞게 저절로 만들어진다. 영역은 아이의 힘과 능력이 미치는 곳까지 확장되며, 정확히 이 지점에서 자연스럽게 경계선이 생긴다. 참고로 우리가 가장 편안함을 느끼는 영역은 경계선 바로 앞이다. 우리는 이 지점에서 기운이 솟아나며, 도전과 임무를 받아들일 능력도 키울 수 있다. 적당한 도전을 통해 자신이 가진 힘을 깨닫고, 조금씩 신중하게 자신을 극복함으로써 경계를 확장해나갈 수 있다.

자신의 경계선이 어디인가는 머리는 물론이고 가슴으로도 알아낼 수 없다. 그때그때의 상태에 따라 몸으로만 알 수 있다. 경계선을 한 걸음만 넘어서도 우리는 힘이 약해지는 걸 느낄 수 있다. 편안하던 것이 불쾌해지고 넘치던 힘이 빠지면 정확히 그 지점에 경계선이 있는 것이다.

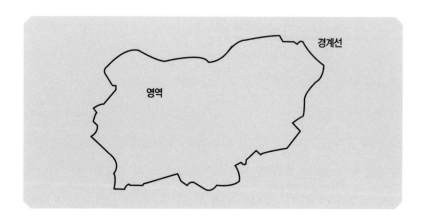

자신만의 영역과 경계선이 필요하다

이 장에서 가장 중요한 주제는 영역이다. 영역이란 각자가 지닌 상상력을 마음껏 펼치며 자유를 누리는 동시에 스스로 책임을 지는 공간을 말한다. 어린아이는 처음에는 자신만의 영역이나 경계를 갖지 못하기 때문에 엄마의 경계선 안에서 공생한다. 그러나 시간이 갈수록 엄마의 경계선을 나와 서서히 자신만의 영역을 구축하며 독립심을 길러 나간다.

　부모가 감독 역할을 하며 지켜보는 동안, 아이는 자기 영역에서 점점 더 자기 결정권을 키워간다. 더불어 자신의 경계선을 감시하고 방어한다. 아이의 힘과 지식, 능력이 커지고 자신을 책임질 수 있게 되는 만큼, 다시 말해 모든 일에 대한 능력이 향상되는 만큼 아이의 경계선도 확장된다. 그러다 청년이 되면 부모와 마찬가지로 자신만의 영역을 갖게 된다.

부모의 지나친 제한은 아이를 약하게 만들 수 있다. 이런 아이들은 자신의 잠재적 발전 가능성에 못 미치는 지점에 머물고 만다. 반대로 아이의 능력에서 훨씬 먼 영역까지 나아가도록 허용할 경우 아이는 급속히 지쳐버린다. 심지어 발달 단계에서 퇴보할 수도 있다. 과도한 독립심과 자유, 책임은 지나치게 적을 때와 마찬가지로 아이를 위축시킨다. 또한 인색한 격려나 칭찬은 아이에게 불만족과 권태를 일으켜 아이가 가진 힘을 끌어모을 수 없게 만든다. 반면에 과도한 채찍질은 퇴보를 일으킴으로써 아이를 도리어 움츠러들게 한다.

경계선이 불분명할 경우 대개는 부담의 정도를 스스로 조율하지 못한다. 아이는 자기 확신을 잃고 시도할지 포기할지 판단하지 못하고 갈팡질팡한다. 누구나 다 그러하겠지만 예민한 아이는 경계선이 불분명하면 특히 더 큰 혼란을 겪는다.

앞서 설명했던 것처럼 아이가 자신을 타인에게 맞추고 자기 신체와 소통하지 못한 경우 특히 그렇다. 신체와의 소통은 자신이 얼마나 강한지, 얼마나 많은 것을 시도할 수 있는지 스스로 깨닫는 기회다. 더불어 예민한 사람들을 특징짓는 내적 갈등도 이러한 맥락을 한층 심화시킨다. 이들은 완벽주의를 추구하면서 자기 자신에 대한 지나친 요구에 반응한다. 완벽을 추구하는 자아는 자신을 더욱 채찍질하는 반면, 또 다른 자아는 자신을 보호하고 부담을 최소화하려 든다.

아이의 경계선을 너무 협소하게 제한하는 일, 경계를 지나치게 확장하여 아이에게 너무 큰 영역을 내맡기는 일 모두 그러한 내적 갈등에 좋은 해결책이 못 된다. 지나친 보호로 심약한 아이를 만드는 것이나, 지나치게 독려하고 압박을 가함으로써 외부 공격에 취약한 아이를 만드는 것은 모두 현명한 방법이라 할 수 없다. 특히 후자는 아이에게 확신을 잃게 할 뿐이다.

부모는 여유를 가지고 거리를 둔 채 아이의 발달 상태를 관찰하며 아이가 할 수 있는 것은 무엇인지, 모자란 점은 무엇인지 파악해야 한다. 이는 예민한 아이에게는 물론이고 부모 자신에게도 도움이 된다.

어느 정도 성장한 아이라면 이 과정에 직접 참여시킬 수도 있다. 아이와 함께 산에 올라 지난 몇 주 동안 스스로 해낸 일과 해내지 못한 일을 살펴보는 것도 좋다. 이로써 부모와 아이 모두 경계선을 명확히 인식할 수 있기 때문이다. 그러면 우연에 의해 경계선이 설정되거나 근거 없이 무언가를 금지하는 일이 더는 일어나지 않게 된다. 그보다는 부모와 아이 사이에 합의된 규칙에 따라 경계를 설정하게 된다. 경계가 불명확한 데서 기인하는 수많은 다툼과 갈등도 최소화되어 가족 간의 화목도 커진다.

물론 어쩌다 판단 오류가 발생할 수도 있다. 그러나 부모가 아이의 영역에 대한 감독관 역할을 유지해왔다면 이때도 아이가 발전할 수 있도록 돕고 지지해야 한다. 아이가 자신의 경계선 내에서 스스로 책임지는 법을 터득하더라도, 부모는 여전히 아이의 스승으로 남아 아이는 물론 아이의 영역과 경계선, 그리고 학습 과정에 대해 책임져야 한다.

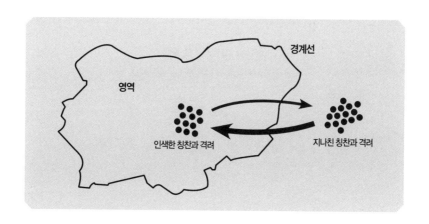

경계선

영역

인색한 칭찬과 격려

지나친 칭찬과 격려

예민한 아이들의 경계선을 통제하는 법

어린아이는 자신의 경계선을 아직 인지하지 못하기 때문에 이를 통제할 줄도 모른다. 이는 시행착오를 통해 배우는 수밖에 없다. 아이가 케이크를 몇 조각까지 먹을 수 있을까? 포만감을 느끼는 시점은 언제일까? 케이크를 먹다 보면 맛있게 느껴지지 않는 시점이 있다. 바로 이 지점이 아이의 경계선이다.

소화 가능한 양을 한참 넘어서고 부작용이 나타날 경우 문제는 한층 복잡해진다. 가령 뒤늦게 배가 아프거나 속이 울렁거리는 경우가 그렇다. 케이크가 맛없게 느껴지기 시작한 게 벌써 한참 전인데도 아이는 계속해서 먹었을 수도 있다. 하지만 고집스럽게 계속 먹는다고 해서 맛있는 음식에 대한 즐거움이 되살아나지는 않는다. 즐겁기는커녕 오히

예민한 아이의 경계선

다음 도표는 아래에서 위의 순서로 읽으세요.

새로운 인식

적절한 경계선 설정을 통해 명료함과 확실성 고취, 이상적인 에너지 상태에 도달함, 화목한 가정, 지속적인 성장과 발전, 독립심 증대.

인지

자연스럽게 형성된 경계선은 우리가 지닌 힘과 재능을 반영한다. 우리는 이 경계선이 어디인지 감지할 수 있다. 경계선으로부터 너무 멀리 나아가면 지금껏 편안하던 것이 거북하게 느껴진다. 경계선 바로 앞은 편안함과 발전 가능성이 포진된 매혹적인 구역이다. 경계선을 확장하는 일은 탄생과 동시에 인간에게 주어진 자연스러운 과제이며, 아이들은 경계선을 통제하는 법을 후천적으로 학습해야 한다.

지나치게 협소한 경계선	딜레마	지나치게 광범위한 경계선
과잉보호, 애지중지하는 태도, 응석받이로 키우기, 인색한 격려와 칭찬.	지나치게 협소하거나 광범위한 경계선 사이를 이리저리 오감. 끊임없는 경계선 협상 필요. 반목과 다툼. 아이의 발전 저해.	너무 많은 자유 허용, 너무 큰 발전 틀 부여, 지나친 칭찬과 격려.

려 배탈이 날 수 있다.

아이가 이로부터 교훈을 얻으려면 부모가 탈이 난 아이를 돌보며 곁에 있어 주어야 한다. 이때 부모에게는 섬세한 감각과 내적인 거리 두기가 필요하다. 아이가 배앓이를 하는 와중에 성급하게 문제를 지적한다거나, 아예 까맣게 잊어버린 뒤 타일러서는 안 된다. 무엇보다도 위협적인 태도나 훈계는 금물이다. 스트레스를 받지 않되 주의를 집중시킬 수 있는 상태에서만 아이는 무언가를 배울 수 있다.

자극의 수용도 과식과 비슷하다. 나들이나 축제, 시장이나 놀이동산에 놀러 가는 일은 아이에게는 크나큰 유혹이다. 그러나 아이가 매혹적인 자극을 얼마만큼 받아들일 수 있을까? 자극이 도를 넘지 않는 적정선은 어디일까? 재미가 방종으로, 생기가 지나친 흥분으로 변질되는 시점은 생각보다 빨리 찾아온다.

이 경계선을 넘어서면 아이는 밤에 쉽게 잠들지 못한다. 그리고 끊임없이 동요하다가 마침내는 소란을 피우게 된다. 상황이 극적으로 치닫게 되는 원인은 대개 부모가 이러한 인과관계를 잘 파악하지 못하고 아이를 도와주지 않기 때문이다. 조금 전까지만 해도 재미있어하고 생기 넘치던 아이가 별안간 히스테릭한 울음을 터뜨리며 부모의 인내력을 시험한다고 생각해보라!

원기왕성한 5세 소녀 타냐는 신나게 뛰노는 것을 좋아한다. 특히 초등학교에 다니는 두 사촌 오빠들이 놀러 오는 것을 가장 좋아한다.

타냐의 아빠도 아이들과 어울리며 이런저런 놀이나 운동법을 가르쳐준다.

그런데 어느 시점이 되면 상황은 급변한다. 타냐가 괴성을 지르며 거칠게 날뛰면서 모두를 힘들게 하는 것이다. 사촌 오빠들이 비위를 맞춰주지 않으면 슬슬 고집을 부리다가 끝내는 울음을 터뜨리는 일이 허다하다. 그러다 밤이 되면 좀처럼 잠들지 못하고 부모를 괴롭힌다. 그러면 아이를 달래려 온갖 수단을 동원하던 부모도 마침내 폭발하고 만다.

안타깝게도 아이를 진정시킬 수 있는 시점을 적기에 인지하지 못한 것이다. 재미있게 노는 일이 계속될 수 있다는 생각은 아이에게 무척이나 매혹적으로 다가오는 것은 당연하다. 하지만 아이에게는 아직 자신을 통제할 만한 능력이 없다. 이렇듯 아이가 경계선을 한 걸음만 넘어서도 주위에 있던 사람들의 멋진 하루는 망가진다.

부모들이 흔히 저지르는 실수는 바로 덩달아 허둥지둥하는 것이다. 이들은 바로 눈앞에서 벌어지는 광경을 좀처럼 믿지 못하며 아이가 날뛰는 이유도 이해하지 못한다. 부모가 근심과 불안이 뒤섞인 반응을 보이면 그렇지 않아도 신경이 날카로워져 있는 아이는 더욱 흥분한다. 벌을 주겠다고 협박하거나 아이를 설득하려 들수록 아이가 진정하고 편안히 잠들 가능성은 점점 줄어들고 마는 것이다.

예민한 아이들이 자극 부족 또는 자극 과다 상황에 이르는 과정은 매우 짧다. 한계치에 매우 빨리 도달하기 때문이다. 이 한계치는 가족 구성원 중 자극에 가장 약한 사람을 기준으로 정해져야 한다. 그렇지 않으면 자극 과다에서 유발되는 난처한 결과에 온 가족이 시달릴 수 있다. 아이가 한계에 다다르면 차분하게 놀 수 있도록 분위기를 전환하고, 격렬한 활동 대신 집중력과 성찰을 필요로 하는 조용한 놀이나 독서를 하도록 유도하는 것이 좋다.

특정한 의식을 통해 분위기를 전환하는 것도 좋다. 예컨대 한계 상황이 벌어질 때마다 노래를 한 곡 정해놓고 부르는 것이다. 그러면 점차 이 노래는 하루를 끝맺는 신호로 자리 잡게 된다. 가령 '즐거운 곳에서는 날 오라 하여도, 내 쉴 곳은 작은 집 내 집뿐이리……'라는 노래를 부르면 모두가 하던 활동을 멈추고 즐겁게 하루를 마감하는 것이다. 이런 의식을 적절한 시점에 수행하면 예민한 아이도 금세 어른들의 노래를 따라 부르며 차분한 분위기에 동화될 것이다.

아이가 이미 경계선을 넘어섰을 때는 어떻게 해야 할까? 어린아이들에게는 3장에서 소개한 진정요법이 효과를 발휘한다는 사실이 증명되었다. 여러분도 시험해보기 바란다. 참고로 아이가 이 요법에 익숙해질수록 효과는 더욱 커진다.

아이의 영역을 침범하는 부모

부모들의 대화를 듣다 보면 상대방의 영역을 침범하는 쪽은 늘 아이들이라는 인상을 받게 된다. 그러나 이런 사고방식은 어른의 관점에서 비롯된 것이다. 한 번쯤 아이의 관점에서 생각해보면 경계선을 침범하는 장본인은 대부분 어른이라는 결론에 도달할 것이다.

당신은 우유부단한 부모인가?
▷아이가 친구들과 자신을 비교하거나 여러분을 다른 부모들과 비교하는가?
▷아이가 다른 부모들은 뭐든 허락하고 사준다고 불평하는가?
▷엄마, 아빠로서 여러분의 자질에 아이가 의문을 품는가?
▷스스로 자신이 부족한 것은 아닌지 의문이나 죄책감을 품을 때가 있는가?
▷아이가 엄마와 아빠를 서로 비교하는가?
▷아이가 뭔가를 주장하거나 억지를 부리면 쉽게 넘어가는가?
▷아이가 텔레비전을 시청하고 싶어 할 때, 혹은 햄버거나 피자 등을 먹고 싶어 할 때 쉽게 허락하는가?

아이의 판단을 믿어라

영역 침범은 매우 이른 시기, 가령 아이에게 젖병을 물릴 때부터 시작될 수 있다. 예전에는 대부분 모유 수유를 했다. 이때는 아기들이 배가 부르면 그저 젖 빠는 것을 멈추고 평온하게 잠이 들었다. 물론 젖병을 쓰는 아기들도 배가 부르면 우유 마시기를 그만두고 잠이 든다. 그런데 엄마들은 때로 젖병을 보며 '아직 다 안 마셨잖아!'라고 생각한다. 그리고 조금밖에 안 남았으니 다 마실 수 있을 거라 여긴다. 버리면 아깝기도 하고 말이다. 그래서 아기의 입에 다시 젖병을 물린다. 아이는 반사적으로 다시 우유를 먹는다.

별일 아닌 것처럼 보이지만 이때 엄마는 엄연히 아이의 경계선을 침범한 것이다. 이런 일을 계기로 아기는 언제 배가 충분히 부른지, 그리고 얼마만큼의 음식물 섭취가 자신에게 적당한지에 대한 감각을 잃어버릴지도 모른다. 이것 역시 학습이기 때문이다. 아이 스스로 습득하는 것뿐 아니라 주위 사람들이 아이에게 행하는 것도 학습이다.

어른이 경계선을 침범하는 경우는 대부분 아이를 도우려는 좋은 의도에서 나온다. 예를 들어 어린아이가 신발 끈을 매려 애쓰는 광경을 어른이 보았다고 가정해보자. 처음이니 잘 안 되는 것은 당연하다. 하지만 아이는 시행착오를 거치며 배우기 마련이고, 그 과정이 조금 오래 걸릴 수도 있다. 그러나 어른들은 충동적으로 도와야 한다고 생각한다. 어떤 사람들은 아이가 혼자서 문제를 해결할 시간을 주지 않고 참견한다. 이것은 어떤 의미에서 아이의 권리를 박탈하는 행위이며, 이로 인해 아이는 실패로 인한 무력함을 느낄 수 있다.

예민한 아이를 대할 때 그 아이의 강점과 능력, 발달 상태 등을 고려하는가? 아니면 자신이 아이에 대해 추측한 바를 기준으로 삼는가? 혹은 일반적으로 그 나이쯤 되면 할 줄 안다고 여기는 것을 기준으로 삼는가? 아이가 잔디처럼 빨리 자라도록 억지로 끌어당기고 있는 것은 아닌지 되돌아봐라. 나는 아이가 더 크지 않기를 바라는 부모를 만나본 적이 있다. 단지 귀엽다는 이유로 말이다. 심지어 몇 주 전에는 더 작고 귀여웠다고 말하는 사람도 있었다.

아이의 경계선에서 적절히 행동하려면 부모는 어떻게 해야 할까? 유년기에 지금 내 아이와 비슷한 상황에 처했을 때 자신은 어떤 바람을 품었는가? 부모로서 아이를 돕고 지지할 수 있다. 그러나 그것을 어느 정도 받아들일지는 아이가 결정한다. 부모는 그저 아이가 스스로 판단할 수 있는 힘을 기를 수 있도록 도와주어야 한다.

가족 간에도 경계선이 필요하다

여러분의 가정에서는 부모와 아이 사이의 거리 두기가 어떻게 이루어지고 있는가? 나이와 성숙함, 능력, 각자가 짊어진 부담, 의무, 책임 면에서 부모와 아이의 차이는 얼마나 고려되는가? 아이들이 어른들의 대화에 거리낌 없이 끼어드는가? 식탁 앞에서 아이들이 대화를 지배하는가? 아니면 부모가 자신에게 주어진 영역을 지키는가?

가족 간에 경계선이 지켜지고 있는지는 아이가 얼마나 큰 목소리를 내느냐를 보면 알 수 있다. 자신의 영역을 지킬 줄 모르는 부모는 이 영역을 아이들에게 내준다. 그러나 아이들은 이 영역을 어떤 것으로도 채울 수 없고, 이를 책임지고 관리할 수도 없다. 그러다 보면 아이들은 그저 목소리를 높임으로써 내용물이 빠진 자리를 상쇄시키려 든다. 부모들은 아이들을 위해, 그리고 가족의 화목한 삶을 위해서라도 자신만의 영역을 지켜야 한다.

이 말은 부모가 자신의 경계선에 관해 이야기하고 자신의 한계를 인정해야 한다는 뜻도 된다. 부모와 아이 사이의 이상적인 경계선은 양쪽 모두가 편안함을 느끼는 지점이다. 부모와 아이는 서로에게 연결되어 있으므로 한쪽의 안녕만 충족될 경우 다른 한쪽의 안녕은 제대로 보장될 수 없다. 아이를 지나치게 속박하는 부모는 아이를 지속적으로 억압하고, 이로 인해 불행해진 아이는 다시금 부모에게 부담을 준다. 어떤 양육 원칙보다도 효과적인 것은 부모가 자신의 경계선을 존중하며 모범을 보이는 일이다.

안전한 경계선 내에서의 성장

아이가 성장함에 따라 아이의 영역과 경계선도 확장된다. 언젠가는 아이들의 영역이 부모의 영역만큼 넓어지고, 반면 부모의 영역은 나이가 들어감에 따라 줄어들 것이다. 아이들과 평화로운 경계선을 형성한 부모들은 자신의 영역이 줄어들어도 여전히 행복하다. 다툼과 반목이 없는 경계선, 넘을 수 없는 장벽 대신 정겨운 넘불과 울타리가 둘러쳐진 경계선은 사람들과 더불어 평화롭게 살 수 있게 해준다. 이들과의 소통, 이들이 주는 도움은 우리에게 큰 힘이 된다.

부모는 아이들의 경계선을 존중하고 주의를 기울여야 한다. 또한 아이가 성장해감에 따라 점점 더 자신의 길을 개척해나간다는 사실, 자기만의 세상을 발견하며 나름의 경험을 쌓아가고 그 와중에 실수도 저지를 수 있다는 사실을 받아들여야 한다. 이런 부모만이 언젠가 아이들이 다시 돌아올 것이라는 믿음도 품을 수 있다. 이런 과정은 일찍 시작될수록 좋다. 아이에게는 이것이 자유를 누리고 책임지는 법을 배우는 훈련이 될 것이다.

타인의 경계선 존중하기

아이에게는 자신의 경계선을 깨닫고 지켜가며 확장하는 법을 배우는 일이 쉽지 않다. 다른 사람들에게 자신의 경계선을 보여주고, 심각한 상황이 발생하면 이를 방어하는 것도 마찬가지다. 다른 사람들의 경계선을 인지하고 존중하며 그들과 경계선에서 평화롭게 만나는 능력을 기르는 일 역시 또 하나의 학습과제다.

이 모든 과제는 서로 맞물려 있다. 자신의 경계선을 인지하지도 보존하지도 못하는 사람은 점차 나약해지기 마련이다. 이런 사람에게는 돌발 상황이 일어날 가능성이 많으며, 그의 노력 역시 허사로 돌아가기 일쑤다. 나아가 타인의 경계선을 존중하지 않고 넘어서는 순간 사람들과 갈등을 겪고 그들로부터 거부당할 것도 각오해야 한다. 친구도 사귈 수 없음은 물론, 사람들과 조화롭게 살아가는 일도 불가능하다.

경계선을 넘어 너무 멀리 나가는 사람은 자신이 지닌 가능성 안에서 스스로를 발전시키지 못한다. 반대로 자신과 타인과의 경계선 사이에서 지나치게 움츠러드는 사람은 남들과 교류할 수 없다. 따라서 화목함에 큰 의미를 두는 예민한 아이들에게는 경계선에 대한 학습이 매우 중요하다.

명확하고 식별 가능한 경계선을 설정하라

부모는 아이가 타인의 경계선을 인지하고 존중하며 자신의 경계선을 지키는 법을 일찍부터 가르쳐줄 수 있다. 다만 이러한 학습이 성공적으로 이루어지려면 가족 구성원 사이에 명확한 경계선이 존재해야 한다.

예민한 사람들을 보면 가족 구성원과 경계선이 모호한 경우가 많다. 대개는 부모부터가 자신의 경계선을 지키지 않기 때문이다. 자신의 경계선을 본인도 인지하지 못하거나, 인지하더라도 주위에 이를 명확히 주지시키지 못하는 것이 그 원인이다. 주위 사람들에게 자신의 경계선을 알리려면 그들이 이해할 수 있도록 상냥하면서도 단호하게 표현해야 한다.

경계선에 대한 인식이 부족한 사람들도 언젠가는 불가피하게 경계선과 맞닥뜨리게 된다. 그런데 그런 일은 갑작스럽게, 게다가 너무 늦게 일어나는 경우가 많다. 이때는 불쾌한 감정이 일고 비난과 눈물이 뒤따른다. 심지어 상대방에게 분노를 터뜨리거나 위협을 가한 뒤 그에 따른 죄책감에 시달리기도 한다. 경계선을 접할 때마다 이런 일이 생기다 보면 위축되는 것이 당연하다. 그렇게 되면 경계선을 짓는 일을 최대한 피하게 되고, 이후 그것이 습관이 될 수 있다.

명확한 경계선을 설정하는 일은 분노와 불쾌감, 다툼과 눈물을 피할 수 있도록 해준다. 이 경계선 안에서 안전함을 느끼고 점점 더 강한 사람으로 자라나는 것은 물론, 끊임없는 발전을 이루고 나아가 부모와 자녀, 형제자매들, 그리고 다른 주위 사람들과도 화목하게 지낼 수 있다. 이처럼 구성원들 간에 명확한 경계선을 설정하는 일은 가족의 안락함을 도모하는 데 있어 이상적인 전제조건이다.

경계선 설정과 유지

아이를 양육하는 데 있어 경계선은 꽤 큰 역할을 하며, 예민한 아이와 부모에게는 그 의미가 한층 더 크다. 예민한 아이는 통상적으로 외부의 영향력에 매우 열린 자세를 취하고 있어 경계선을 무너뜨리기도 쉽기 때문이다. 예컨대 광고를 보고 욕구가 깨어난다거나 타인에 의해 어떤 충동이 일기도 하다. 예민한 이들은 또한 자신을 남과 비교하며 그 무리에 소속되기를 갈망하곤 한다. 스스로에게 이질감을 느끼는 일도 잦아 필요 이상으로 남들에게 맞추려 노력하는 것은 물론이다.

예민한 어른들 역시 아이와의 사이에 경계선을 긋는 일이 쉽지 않다. 폐쇄적이기보다는 개방적인 에너지를 지닌 탓에 이들의 에너지는 어느 정도 아이를 향해 흐르고 있고 아이와의 사이에 경계선을 그으려

다가도 어느새 아이의 관점에서 상황을 체험하고자 한다. 자신의 위치를 지키지도, 부모 역할도 못 하면 중심을 잡는 일은 한층 더 힘겹게 느껴진다.

경계선을 양보하는 부모

예민한 부모는 명확한 경계선을 긋기로 마음먹곤 하지만 현실은 전혀 다르다. 굳은 결심을 해놓고도 결국에는 마음이 약해져 경계선에서 물러서기 일쑤다. 아이가 잠자리에 들지 않고 좀 더 놀고 싶어 할 때, 텔레비전을 보고 싶어 할 때, 군것질거리나 비싼 물건을 사달라고 조를 때도 부모는 아이에게 항복하고 만다. 예를 들어 신발장에 신발이 여러 켤레 있는데도 새 운동화를 사달라고 조르는 경우가 그렇다. 아이에게 항복해 부모는 선을 긋기는커녕 스스로 경계선을 흐려버리는데, 그러고 나면 다음번에는 경계선을 설정하기가 더욱 어려워진다. 부모의 경계선이 견고하지 못한다는 사실이 이미 입증되었기 때문이다.

　아이는 고집을 피우면 어떤 경계선도 바꿀 수 있다는 것을 경험으로 안다. 심지어 경계선을 지워버리는 것도 가능하다. 하지만 아이는 이 싸움에서 이김으로써 단기적인 소득을 얻는 대신 자신도 명확한 영역과 경계선의 희생을 대가로 치러야 한다. 어쨌든 아이에게 경계선은 마음 내키는 대로 이리저리 옮길 수 있는 존재가 되어버렸기 때문이다. 이렇게 되면 모든 것이 한층 복잡해진다. 매번 경계선 협상을 새로 해야 하므로 부모와 아이 사이에 다툼이 끊이지 않게 된다.

아이에게 이리저리 휘둘리는 부모, 자신의 경계선을 양보하는 부모는 흔히 자신이 아이에게 좋은 일을 하고 있다고 생각한다. 물론 그 순간만큼은 그렇게 보이기도 한다. 아이들이 행복해하고 기분이 풀렸으니 집안은 화목하고 평화롭게 느껴진다. 아이의 저항도 사라졌다. 그러나 장기적으로는 부모와 아이 그 누구도 행복해질 수 없다. 아이는 부모가 심약함을 알고 이로써 가정 내에서의 권력관계를 뒤바꾼다. 이후에 부모가 또다시 아이에게 항복해버리면 부모의 "안 돼!"라는 말은 의미를 잃고 만다. 동시에 허락하는 말도 그 의미를 잃는다. 용돈을 달라거나 밤늦게까지 놀게 해달라는 요청에 부모가 곧장 굴복한다고 생각해보라. 향후 아이에게 진정으로 보호와 지원이 필요한 순간 부모가 제 역할을 해낼 수 있을까? 심지가 굳지 못한 부모의 보호는 신뢰할 만한 것이 못 된다.

경계선 효과적으로 알리기

경계선을 적기에 인지하기 위한 전제조건은 바로 신체와의 소통이다. 신체만이 경계선의 위치를 파악할 수 있게 해주기 때문이다.

잃어버렸던 신체와의 소통을 되찾는 데는 시간이 조금 걸릴 수 있다. 그러나 일단 여러분이 다시금 경계선을 명확히 인지하는 데 성공했다고 가정해보자. 이제 여러분은 아이에게 경계선을 알려야 한다. 어떻게 하면 아이가 이를 선전포고가 아닌 명확한 정보 전달로 이해할까? 여기서 명심해야 할 것은 의식적으로 내적 갈등상태에서 벗어나 사무적인 태도를 보여야 한다는 점이다. 미소를 지어서도 안 되고 짜증을 내거나 실망한 기색을 보여서도 안 된다. 어조도 중립적이어야 한다.

처음에는 이 모든 게 쉽지 않다. 특히 엄마는 아이에게 사무적인 태도를 보이는 것을 꺼리기도 한다. 다른 누구도 아닌 아이들을 상대로 그런 태도를 보이고 싶지 않은 것이다. 엄마는 이것이 냉랭한 거부라고 여긴다. 하지만 사무적인 태도가 그토록 꺼려진다면 사랑하는 사람을 대할 때 짜증 내고 분노하고 심지어 고함을 치는 일은 어떤지 한번 곰곰이 생각해보라. 어느 쪽이 더 큰 상처가 될까? 사무적인 태도를 냉랭한 태도와 혼동해서는 안 된다.

부모가 경계선을 양보하게 되는 원인은 무엇일까?

부모 쪽에서 먼저 양보하게 되는 경우를 한번 곰곰이 되짚어보라. 아마도 많은 부모가 전형적인 상황이 있음을 깨닫게 될 것이다. 아이가 경계선을 지키지 않게 되는 데는 십중팔구 부모의 우유부단한 면이 일조했을 것이다.

경계선은 정확히 긍정적인 무언가가 부정적인 것으로 변하기 시작하는 지점에 있다는 사실을 명심하라. 아이의 관점에서 볼 때 긍정에서 부정으로의 전환은 어느 지점에서 일어나는가? 여러분의 관점에서 볼 때는 어떠한가?

경계선을 흐리기 위해 아이가 슬픈 눈빛이나 눈물 같은 감정적 요소를 활용하는가? 고집스럽게 압력을 가하기도 하는가? 이때 부모는 어떻게 반응하는가? 금세 연민에 젖거나 자신이 나쁜 엄마, 무서운 아빠라는 죄책감에 사로잡히는가? 심지어 그 순간 아이로부터 버림받았다는 생각이 들면서 아이의 애착과 사랑을 잃을지도 모른다는 두려움을 느끼지는 않는가?

별안간 아이와 똑같은 감정이 들 때도 있는가? 그러고 나면 여러분 자신의 관점이 아닌 아이의 관점에서 자신을 체험하게 되는가? 그렇게 아이의 주장대로 부당한 대우를 받는 아이의 입장에 일정 정도 휘말리지는 않는가?

언제 경계선이 쉽게 허물어지는가?
▷스스로 약해졌다고 느낄 때
▷과도한 부담감에 시달릴 때
▷피곤하거나 스트레스를 받았을 때
▷정신없이 허둥댈 때
▷시간에 쫓기거나 무언가 다른 일에 집중하고 있을 때

명확한 경계선을 긋기 위해 도움이 되는 질문들

아이가 예민할수록 부모는 명확히 경계선을 유지해야 한다. 그래야 아이의 삶도 더욱 수월해지며 경계선을 통제하는 법도 배울 수 있다. 부모가 모범을 보이는 것보다 좋은 학습법은 없다.

• 당장 선을 그어야 할까, 아니면 조금 기다려도 괜찮을까?

아이, 부모 또는 다른 사람들의 안위를 위해 즉각 경계선을 지정하고 단호한 태도를 보여야 하는 상황과 당장 어떤 결정을 내리지 않아도 되는 상황을 구분하라. 급한 상황이 아니라면 반드시 상황을 인지하고 숙고해볼 충분한 시간을 가져라! 〈산에 오르기〉를 할 만큼의 시간적 여유가 있다면 더욱 좋다.

• 현재 나는 얼마나 강한가?

기분이 좋고 스스로 강하다고 느낄 때 경계선 지키기도 쉽다는 것을 명심하라. 가능하면 이런 조건을 먼저 충족시키고, 아직 충분하지 못하다면 자신이 강하다고 느껴질 때까지 기다려라.

• 현재 아이는 얼마나 강한가?

한 사람의 경계선은 그의 힘과 책임질 수 있는 능력을 비추는 거울이다. 부모가 아이에게서 실제로 기대하는 것은 무엇인가? 아이가 할 수 있는 것은 무엇이며 못 하는 것은 무엇인가?

• 장기적 결과를 생각했는가?

부모가 경계선을 포기하면 당장은 모두가 만족한다. 아이는 자신의 시도가 성공했다는 느낌을, 부모는 아이에게서 사랑받는 관대한 부모라는 느낌을 받기 때문이다. 무엇보다도 일단은 평화를 누릴 수 있어서 좋다. 그러나 이는 언젠가 부메랑으로 되돌아온다. 게다가 그 강도는 갈수록 세진다.

• 논쟁과 경계선 중 무엇이 더 중요한가?

물론 논쟁하는 법을 배우는 것은 아이에게 좋은 일이다. 그러나 아이의 주장에 귀 기울여주고, 아이가 마음에 두고 있는 것을 인지하고, 이후 여러분의 결정을 아이에게 알려주는 것만으로도 충분하다. 경계선 문제에서 중요한 것은 누가 더 토론을 잘하느냐가 아니다. 이런저런 논쟁에 휘말리다 보면 십중팔구는 핵심을 놓치고 만다. 경계선이 어디인가가 핵심이다.

• 아이가 충분한 이해력을 갖추고 있다면 차분히 경계선 협상을 벌여도 좋은가?

끊임없이 소모적인 경계선 분쟁을 벌이기보다는 6개월에 한 번 정도 아이와 마주 앉아 이에 관해 대화를 나누는 것이 좋다. 아이가 무엇을 할 수 있는지, 자기 자신과 관심사에 얼마만큼 책임질 수 있는지 차분히 생각하고 논의하는 것이다. 아이의 성장과 점진적인 경계선 확장을 위해서는 부모의 도움과 지지가 필요하다. 모든 일이 순조롭게 진행되고 있는지 점검하는 일 역시 여전히 부모의 몫임을 분명히 해야 한다.

부모와 아이 사이의 경계선

다음 도표는 아래에서 위의 순서로 읽으세요.

새로운 인식

상호 존중에 기반을 두고 부모와 아이가 마주하고 명확한 경계선을 통해 가정 내의 화합과 평화 도모한다. 경계선을 통해 아이가 지닌 힘에 상응하는 안전한 재능 발휘, 아이가 책임질 수 있는 한도 내에서 아이의 영역 확장, 영역과 경계선 합의를 위한 대화를 하도록 한다.

인지

부모와 아이는 서로 다른 힘과 능력을 지녔으며 이는 각자의 영역에도 반영된다. 부모는 아이보다 더 큰 책임을 진다. 사람은 누구나 자기 계발의 틀을 스스로 정할 필요가 있다. 이는 부모에게도 마찬가지다. 경계선을 존중함으로써 아이들은 독립심과 책임감을 배운다.

경계선 침범

아이에게 적절한 영역을 허용하지 않거나 경계선을 지나치게 좁게 지정. 아이의 경계선 침범. 아이의 영역 점령. 극단적인 경우 아이의 영역을 부모가 독차지함.

딜레마

경계선이 불분명하므로 어디까지 나아가도 되는지 아이가 확신할 수 없게 됨. 경계선을 둘러싼 끊임없는 반목과 다툼, 충돌로 인한 에너지 소모. 아이에게 명확하고 공정한 경계선 설정을 해주지 못함. 양보와 갑작스러운 엄격함 사이에서 이리저리 흔들림. 부모는 외부 또는 내부를 향해 폭발함. 부모의 피상적인 헌신과 희생은 아이에게 부담을 가중시키고 아이를 속박함.

경계선 양보

부모가 자신만의 영역과 경계선을 지키지 않음. 경계선을 알리거나 표시하지 않음. 아이의 경계선 침범에 관대한 태도를 보임. 과도한 부담을 짊어짐.

예민한 아이 마음 다스리기 ❾

아이만의 정원 만들어주기

여러분 주위에 원 하나가 그려져 있다고 상상해보라. 바로 이것이 여러분의 경계선이다. 빨랫줄 등을 이용해 실제로 바닥에 원 모양을 표시해보는 것도 좋다. 그 안의 공간은 결코 포기해서는 안 되는 여러분의 영역이다. 이러한 영역을 정원이라고 상상하고 머릿속으로 그림을 그려보면 이해하기가 훨씬 쉽다. 이제 여러분의 정원에서 행복하고 만족스럽게 지내기 위해 무엇이 필요한지 곰곰이 생각해보라.

그리고 이제 여러분의 영역 바깥에 아이의 정원을 표시해보라. 아이가 혼자 할 수 있는 것에는 어떤 것이 있는가? 또 무엇을 할 준비가 갖추어져 있는가? 아이 스스로 책임질 수 있는 영역에는 구체적으로 무엇이 있는가?

각자의 정원에 대한 감독권은 그 사람에게만 있다. 그러니 요청받지 않았는데 간섭하는 것은 오로지 응급상황에서만 가능하다. 아이에게 도움이 필요하다는 사실을 인지하면 도와주기는 하되 오로지 아이가 원하는 선까지만 도와야 한다. 다양한 상황들을 떠올리고 구체적인 시나리오를 머릿속으로 그려보면서 여러분이 정원 울타리를 사이에 두고 아이와 소통하고 있다고 상상해보라.

경계선을 효과적으로 알리는 방법

경계선을 효과적으로 알리는 가장 좋은 방법은 무엇일까? 예전에 텔레비전 뉴스에서 흔히 볼 수 있었던 무미건조한 일기예보 장면을 떠올려보라. 자신이 의회에서 정부 선언문을 읽는 엘리자베스 여왕이라고 상상하면 사무적인 태도를 유지하는 게 좀 더 쉬워질지도 모른다. 정부 선언문은 여왕이 직접 작성한 것이 아니다. 어떤 개인적인 내용도 덧붙일 수 없을뿐더러, 목소리의 높낮이를 통해 자신의 관점을 드러내는 것조차 허용되지 않는다.

이처럼 사무적인 어조로 아이에게 경계선을 알리면 아이는 강요가 아닌 규칙과 지침으로 이해하며, 따라서 감정적으로 반응하려는 충동도 훨씬 덜 느끼게 된다. 한 가지 덧붙여 어떤 상황이 한계에 도달해 경계선을 알려야 할 필요가 생길 경우, 그 순간 경계선에 관해 이러쿵저러쿵 설명하는 일은 피해야 한다. 향후 차분한 상황에서 설명하는 편이 좋다. 물론 이런 대화의 기회는 꼭 갖는 게 좋다. 아이와 함께 〈산에 오르기〉를 하는 것도 좋은 방법이다.

7장

두려워하는 아이와
근심하는 부모

- 마르코는 자전거를 탈 때면 언제나 붕대를 챙긴다. 휴대전화는 충전되어 있는지, 마실 거리는 충분히 준비했는지도 확인한다.
- 카린은 집 안 어딘가에 문제가 생기면 늘 제일 먼저 발견한다.
- 나딘의 예민한 엄마는 자동차에 항상 연료를 충분히 채워둔다. 연료 게이지가 기준 아래로 떨어진 적이 단 한 번도 없다. 주행 중에 갑자기 연료가 떨어지면 어떤 일이 벌어질지 상상해 미리 안전하게 준비해놓는 것이다.
- 독문학 전공의 예민한 대학생 에리카는 공포 소설을 쓰는 데 남다른 재능이 있다. 그러나 다른 작가가 쓴 공포 소설은 읽지 않는다. 그런 이야기가 자신에게 지나치게 큰 심리적 영향을 미치기 때문이다.

덤불에 노란색이 섞여 있다고 해서 그것이 반드시 꽃은 아니다. 자세히 보면 노란색 풀일 수도 있다. 덤불의 잎사귀 사이로 얼핏 비치는 노란색이 혹시 그 속에 숨어 있는 표범의 털은 아닐까? 예민한 사람들은 이처럼 많은 것을 인지하고 더 다양한 경우의 수를 예측해 위험요소를 쉽게 감지할 수 있다.

아이들의 두려움에 어떻게 대처해야 하나?

두려움의 이면에는 두려워하는 일이 일어나지 않기를 바라는 간절한 염원이 숨어 있다. 두려움은 우리를 각성시켜 두려워하는 일이 실제 일어나지 않도록 대비책을 마련하게 한다. 두려움으로 인해 어떤 행동을 하면 두려움 제거라는 목표를 달성하게 되므로 두려움은 점차 누그러진다. 그러나 조치를 취할 여력이 없는 아직 어린 아이들의 두려움은 쉽게 사라지지 않는다.

아이는 두려움에 어떻게 대처할까? 두려울 때 아이가 할 수 있는 행동은 단 한 가지, 부모 또는 양육자의 주의를 끄는 것뿐이다. 인류가 야생에서 삶을 이끌어나가던 시대에는 이것이 유일한 생존의 길이었다. 성인만이 야생동물로부터 아이를 보호해줄 수 있기 때문이다.

두려움을 대하는 자세

아이는 어른 곁에서 보호받기 위해 두려움을 알린다. 부모의 보호 아래 있으면 아이는 안전함을 느끼고 두려움을 잊는다. 두려움이 제 기능을 해 아이를 위험에서 구해준 것이다. 따라서 아이가 위협을 받을 때 부모의 보호와 아늑함을 얻기 위해 자신에게 이목을 집중시키는 일은 매우 중요하다. 이런 경험의 반복은 향후 두려움을 대하는 아이의 자세에 영향을 미친다. 아이는 의미 있는 두려움을 체험하고 여유로움과 안전함을 느껴 이를 없앨 수 있다.

두려워하는 아이에게 부모가 원하는 반응을 보여주는 일은 생각보다 쉽다. 아이의 두려움을 받아들이고, 아이 곁을 지키며 포근하게 다독여주고, 아이를 보호하고 방어하는 역할을 해주면 된다. 그러면 아이는 다시금 긴장을 풀고 두려움도 떨쳐버리게 된다.

부모가 아이의 두려움을 받아줄 때 아이는 두려움 조절법을 배우게 된다. 안타깝게도 성인 중에는 자신이 그런 보호를 받아본 적이 없어 아이에게 무엇이 필요하며 자신이 아이를 어떻게 도와주어야 하는지 이해하지 못하는 이들이 많다.

• 두려움을 부정하려는 태도

어떤 부모는 아이가 느끼는 두려움을 부정하려 든다. 아이의 두려움을 별것 아닌 것으로 치부하고 축소하려는 것이다. 자신이 보기에 위협적인 요소가 아무것도 없으니 그것이 어디서 비롯되었든 간에 실제로는 없는 두려움이라는 것이다. 아이는 두려움에 시달리면서 부모의 의아해하는 눈초리까지 감당해야 한다. 나아가 이상한 애 취급을 당한다. 그러면 자신을 믿어야 할지 의문을 품는 것은 물론 불안함과 이해받지 못한다는 느낌, 그리고 혼자라는 느낌에 사로잡힌다.

아이가 느끼는 무력감에 비례해 두려움은 커져만 간다. 용기를 북돋우는 말이나 이제 다 컸으니 무서워할 것 없다는 격려 등 건설적인 말도 이 상황에서는 전혀 도움이 되지 않는다. 아이는 이런 설득을 요구로 받아들여 한층 더 무거운 압박감에 짓눌린다. 아이의 내면에서는 두려움을 느끼는 자아와 두려워해서는 안 된다고 말하는 자아가 분열을 일으킬 수도 있다. 이런 내적 갈등은 아이를 약하게 만든다. 이런 체험이 반복되다 보면 아이는 어른이 되어서도 두려움에서 벗어날 수 없게 된다.

• 아이의 두려움에 불안해지는 부모

예민한 부모, 특히 예민한 엄마는 아이의 두려움에 대한 반응으로 불안함과 무력감, 근심하는 모습을 보인다. 그리고 속으로 '다른 아이들도 저런 두려움을 품고 있을까?', '아이가 저렇게 두려워해도 되는 걸까?'라는 의문을 품는다. 이리저리 흔들리던 부모는 뭐라도 해야겠다고 생각하지만 구체적으로 무엇을 어떻게 해야 할지 모른다. 그러면 아이의 두려움은 한층 커진다. 부모가 있어 든든하다고 느끼기는커녕 그들의 심약함만 확인했기 때문이다. 나아가 자신이 두려움을 느껴 부모에게 부담을 주고 있다는 결론을 내릴지도 모른다.

• 아이보다 더 두려워하는 부모

부모가 아이의 두려움에 전염되는 경우는 앞의 두 경우보다 더 해롭다. 가령 아이가 입학 첫날 느끼는 두려움을 부모도 고스란히 느끼거나 수학 시험을 걱정하는 아들을 보며 당사자인 아들보다 더 큰 걱정에 사로잡히기도 한다.

부모는 아이를 지원하려는 태도라고 여기지만 현실적으로는 아이에게 해만 될 뿐이다. 아이도 당연히 부모의 두려움을 감지하기 때문이다. 그런 부모에게 기꺼이 마음을 열어 보일 아이가 어디 있겠는가? 마음을 열기는커녕 부모에게 걱정을 끼치거나 그로 인해 불안감이 더해지는 상황을 피하려 들 것이다. 그러면 두려움을 내면 깊숙이 숨겨둔 채 세상의 도전에 홀로 맞서게 된다.

부모가 두려움을 느끼면서도 아이에게는 용기와 믿음을 불어넣어 주려 애쓰면 상황은 더욱 악화된다. 예민한 아이들은 부모가 두려워하고 있다는 것을 어차피 다 감지하고 있는데 입으로는 다른 말을 하고 있으니 말이다. 이런 이중적 메시지는 예민한 아이들에게 혼란을 일으켜 이들을 더욱 심약하게 만들 뿐이다. 이때 아이들은 누구에게도 의지할 수 없고 자신이 인지한 것을 신뢰할 수 없게 된다.

• 두려움을 더욱 확대시키는 부모

예민한 부모는 아이 문제로 두려움을 갖게 되고 자신의 의도와는 상관없이 그 두려움을 예민한 아이와 공유하게 된다. 여러분은 놀이터에서 다음과 같거나 적어도 비슷한 상황을 한 번쯤은 봤을 것이다.

대여섯 살 정도 된 여자아이가 놀이기구에서 놀고 있다. 공원 의자에 앉아 있던 엄마는 두려움이 묻어나는 동시에 위협적인 어조로 "그러다 떨어질라!"라고 외친다. 그 말이 채 끝나기도 전에 아이는 별다른 이유도 없이 기구에서 떨어진다. 그러면 엄마는 곧이어 "그것 봐, 엄마 말 안 들으니까 그렇지!"라고 나무란다.

사실 놀이기구가 아주 낮으므로 아이가 크게 다칠 염려는 없다. 그냥 발을 헛디뎌 모래 위로 떨어진 것뿐이다. 그러나 이런 장면은 보통 여기서 끝나지 않고, 엄마는 굳이 아이를 달래며 사소한 사고를 부풀리거나 불필요한 훈계를 늘어놓는다. 그러나 이런 게 과연 아이에게 득이될까? 더 나쁜 경우는 엄마가 냉랭하게 애정 없는 말투를 여과 없이 드러내는 것이다. 그러잖아도 즐거운 놀이를 망친 어린 딸에게 벌까지 주는 셈이다.

'그러다 떨어질라!' 같은 표현은 아이에게 반드시 떨어질 것이라는 암시로 다가온다. 심지어 '조심해야 해!'라는 말도 어떤 말투와 태도로 전달하느냐에 따라 아이를 불안하게 만들 수 있고, 그것만으로도 아이는 실제로 추락할 위험에 처한다.

그럼 이럴 때 엄마는 어떻게 행동해야 옳을까? 아이가 예민한 기질이라면 엄마가 아무것도 하지 않는 편이 차라리 낫다. 물론 두려움을 품고 곁에서 아이를 지켜보는 엄마에게 이것은 결코 쉬운 일이 아니다. 그러나 엄마가 아무 말 하지 않아도 예민한 아이는 이미 엄마의 감정을 느낀다.

두려움을 억누를 때의 부작용

앞서 말한 상황들로 인해 두려움에 사로잡혀 있는 예민한 아이는 홀로 남겨진다. 아이 곁에는 두려움 말고는 아무것도 없다. 아이는 이를 온몸으로 느낀다. 긴장으로 인해 심장박동이 빨라지고, 심지어 덜덜 떨 때도 있다. 부모가 짐을 덜어주지 않으면 아이는 두려움을 부정하고 억누르는 법을 배운다. 그러나 두려움은 두렵지 않다는 믿음만으로 해소되는 것이 아니므로 사라지지 않고 자리를 지킨다. 그러다 뒤늦게야 갑작스럽게, 어이없을 정도의 위력으로 덮쳐오는 것이다.

아이가 다른 사람에게 이런 반응을 들키지 않으려 애쓰니 이것도 무리는 아니다. 부정하고 덮어두었던 원래의 두려움에 사회적 두려움까지 더해지기도 한다. 극단적인 경우 공황 상태를 초래한다. 그러나 우리의 목적은 여러분에게 두려움을 심어주려는 것이 아니라 이런 상황이 벌어지기 전에 그것을 예방하도록 돕는 데 있다.

아이의 두려움 해소해주기

아이가 두려움을 부정하게 하는 것은 분명 아이를 돕는 방법이 아니다. 아이의 두려움에 전염되거나 함께 두려워해 주는 것도 좋지 않기는 마찬가지다. 두려움을 통제하는 적절한 방법은 그저 아이와 아이의 두려움을 있는 그대로 받아주는 것이다. 아이의 말에 귀 기울이고 이를 진지하게 받아들이며, 아이가 느낄 수 있도록 가까이 있어 주어라. 그렇게 여러분에게 힘을 얻은 아이는 신뢰를 형성하게 된다. 여러분이 늘 곁에 있다는 사실을 아이에게 알려주어야 한다. 부모가 차분함을 유지하면 아이는 안전하다는 느낌을 받는다.

두려움은 작용에 따라 구별되어야 한다. 지금 느끼는 두려움이 여러분을 깨어 있게 해주고 강하게 만들며 에너지를 샘솟게 해주는가? 아니면 불안하고 위축되게 하는가? 심지어 두려움으로 인해 두려워하던 일이 진짜 생기는 것은 아닌가?

아이를 위한 부모의 두려움과 근심은 아이를 도리어 약하게 만든다. 타인에게 전달된 두려움은 간접적이고 불명확하게 작용하며, 그 형태를 파악하기도 어려우므로 불안감을 가중시킨다. 따라서 두려움에 사로잡혀 있는 부모는 아이를 보호할 수도, 아이의 부담을 덜어줄 수도 없다. 이미 그런 상황을 잘 아는 아이는 오히려 자신을 약하게 만드는 부모의 근심을 피하고자 그에 저항하려 애쓴다. 그리고 커지는 두려움을 막기 위해 그와는 상반된 감정을 고안해낸다. 이것이 우위를 점하면 아이는 자신의 두려움을 무시하게 된다. 그런데 이렇게 되면 아이의 주의력이 느슨해져 위험신호를 놓칠 가능성이 커진다.

두려움을 극복하기 위한 상반된 감정은 일정 정도 서로를 심화시킬 수 있으며, 이때 당사자는 두려움의 노예가 되고 만다. 두려움에 맞서 싸우면 종국에는 자신의 두려움이 근거 있는 것이었음을 번번이 확인하게 되고, 그로 인해 반복적으로 위축된다. 두려움을 받아들이지 않으면 이런 갈등은 계속 반복될 뿐이다. 성장한 자녀가 이런 행동방식을 취하면 그렇지 않아도 근심에 휩싸여 있는 부모에게 끊임없이 걱정거리가 생겨난다. 이런 상황은 갈등을 심화시킨다.

두려움을 명확히 구분하라
▷ 누구의 두려움인가?
▷ 내 두려움인가, 배우자의 두려움인가?
▷ 제삼자의 두려움인가, 내 아이의 두려움인가?
▷ 무엇이 두려움을 키우는가?
▷ 무엇이 두려움을 활성화시키는가?
▷ 두려움이 아이의 상상이나 꿈에서 비롯되었는가?
▷ 두려움이 어떤 영향력을 발휘하는가?
▷ 두려움이 아이를 활성화시키는가, 약하게 만드는가, 무력하게 만드는가?
▷ 두려움이 아이로 하여금 당신을 찾게 하는가?

▷부모로서 우리는 이 두려움을 받아줄 수 있는가?
▷해소될 수 있는 두려움인가?
▷아이가 평정과 신뢰를 되찾을 수 있는가?
▷우리는 아이에게 두려움이나 문제가 발생할 때만 주의를 기울이는가?

아이에게 두려움과 근심 대신 신뢰 심어주기

많은 부모가 자신의 두려움을 인지하지 않는 법을 학습하지만, 대신 아이에 대한 근심은 그만큼 커졌다. 아무리 좋은 뜻에서 우러난 것이라 하더라도 근심은 특유의 언어를 지니고 있다. 부모가 끊임없이 아이의 안위를 살피면 이 언어가 예민한 아이에게 어떻게 가 닿을까? 아이는 부모의 눈빛이나 목소리에서 다음과 같은 정보를 읽어낸다.

'넌 그거 못해!'

'인생은 너에게 너무 어려워.'

'너는 무능하고 약해.'

'너 혼자서는 감당 못 할 테니 번번이 우리에게 도움을 청하게 될 거야.'

그러다가 부모가 격려와 지지의 메시지를 통해 근심을 상쇄시키려 들면 아이는 혼란에 빠지고 만다. 가령 "넌 할 수 있어!" 같은 말을 힘주어 하는 경우가 그렇다.

아마 여러분도 두려움은 사람을 약하게 하고 신뢰는 강하게 만든다는 것을 알 것이다. 아이 문제로 두려움을 품으면 아이는 도리어 약해진다. 심지어 여러분이 두려워하는 일이 실제 일어날지도 모른다. 이 법칙은 누구에게나 적용되지만, 주위 사람의 기분을 남달리 빠르게 흡수하는 예민한 아이에게는 특히 더 그렇다. 아빠나 엄마가 아이처럼 예민한 기질을 지녔을 경우, 그들 역시 부모의 두려움에 노출된 적이 있으며 아직도 그 일로 고통받고 있다면 그 힘은 더 커지기 마련이다.

놀이터에서 노는 딸아이와 엄마의 상황을 다시 한 번 떠올려보라. 아마 여러분도 이와 비슷한 상황을 겪어보았을 것이다. 다음 질문이 명확한 이해를 도와줄 것이다.

당신이 지금 느끼고 있는 두려움은 무엇인가?
▷지금 느끼고 있는 두려움이 유년기에 유사한 상황에서 여러분 스스로 품었던 두려움인가?
▷여러분의 자녀가 어린 시절의 자신과 다를까 봐 두려운가?
▷아이가 자신보다 대담하고 강한 성격이지 않을까 봐 두려운가?
▷아이의 대범한 성격으로 인해 아이를 잃을까 봐 두려운가?

소신 있는 엄마의 모습을 상상해보라. 이런 엄마의 아이는 독립하기 위해 첫걸음을 내디딜 때도 안전하다고 느낀다. 자신에게 다음과 같이 질문해보라. 내 아이가 자신의 경계선을 확장하고 나름의 경험을 쌓을 수 있도록 해주기 위해 아이 앞에서 어떤 건설적인 태도를 취해야 할까? 사소한 실수와 실제 사고, 위험요소 사이의 경계선은 정확히 어느 지점일까? 한 번쯤 여러분의 두려움에서 거리를 둔 채 그것을 아주 근본적으로 관찰해보라. 〈산에 오르기〉를 해보는 것도 도움이 된다. 특정 두려움이 건설적이고 신중한 행동을 끌어내는지, 아니면 여러분을 약하게 만드는지 파악하는 것이 그 목적이다. 이를 알아내는 데는 다소 시간이 필요하다.

두려움과 거리 두기

▷이 두려움이 나를 활성화시켜 무언가를 하게 만드는가?
　(첫 번째 질문에 '그렇다'라고 대답한다면 여러분의 두려움은 의미 있는 것이라고 봐도 된다. 확인 차 다음 질문들에도 대답해보라.)
▷두려움이 나를 수동적으로 만드는가, 무기력하게 하는가?
▷지금 느끼는 두려움이 더 많은 두려움을 품게 하는가?
▷두려움이 끊임없이 머릿속에서 맴도는가?
▷두려운 생각과 상상이 반복되는가?
▷두려움이 내게 신체적으로 어떤 영향을 미치는가?
▷두려움이 나를 강하게 만드는가, 아니면 약하게 하는가?
▷이 두려움으로 인해 나는 어떻게 행동하는가?
▷나는 두려움을 아이에게까지 전이시키는가?
▷아이는 내 두려움에 어떻게 반응하는가?
▷내 두려움은 아이의 삶에 어떤 영향을 미치는가?
▷내 두려움이 아이를 약하게 만드는가, 아니면 건설적으로 행동하게 하는가?

그럼 엄마는 어떻게 해야 하나

상담을 원하는 부모는 개별적인 상황에 활용할 정확한 행동지침을 얻고 싶어 한다. 그러나 경험에 의하면 그런 행동지침은 존재하지 않는다. 나는 여러분이나 여러분의 자녀에 관해 아는 바가 없다. 구체적인 상호작용도 모른다. 과거에 일어났던 상황을 들어볼 수 있지만, 상황이란 그때그때 다른 법이라 대처법도 다를 수밖에 없다.

상황 자체보다는 그런 상황에서 어떤 태도를 보이느냐가 훨씬 중요하다. 여러분은 두려움이나 압박으로 인해 고정된 사고방식에 따라 아이를 양육하는가? 아니면 아이를 받아들이고 신뢰하려는 태도로 양육하는가? 아이를 있는 그대로 받아들이고, 부모로서의 소신을 잃지 않으며, 아이의 존재 자체는 물론 아이가 가고자 하는 길에 대해 믿음을 품고 있으면 여러분은 아이를 강하게 키울 수 있다.

두려움 뒤에 숨은 염원

두려움을 품은 사람은 특정 사건이 생기지 않게 하려 한다. 말하자면 두려움은 우리가 원하지 않는 것에 우리를 묶어놓는다. 원치 않지만 그것에 끊임없이 몰두한다. 이런 태도는 대개 우리를 나약하게 만들며 언젠가는 두려움이 겉으로 드러나게 마련이다. 의도와는 달리 두려워하던 바로 그 일이 일어나도록 돕고 있는 스스로 것이나 마찬가지다.

두려움 내려놓기

여기서 두려움이란 부모와 아이 모두를 불안하게 만드는 아이의 두려움만을 의미하지는 않는다. 건설적인 행동을 막는 모든 종류의 두려움이 다 포함된다.

　이성이 지배하는 세계를 벗어나 다른 차원의 세계상을 품고 있는 사람들에게는 장점이 하나 있다. 자신 또는 다른 사람을 위한 두려움이나 소망을 그 세계에 내려놓고 올 수 있다는 점이다. 어떤 사람에게는 신이 바로 그 세계이며 다른 누군가에게는 우주 또는 삶 자체가 그 세계다. 이들은 자신의 힘으로 해결할 수 없는 것을 거기에 내맡긴다. 이 세계는 이들이 지닌 믿음의 근원이기도 하다. 그들은 이로써 부담에서 벗어나고, 한결 자유롭고 강해질 수 있으며, 자신의 능력 안에서 할 수 있는 것을 하게 된다.

근심, 고통, 고뇌에 맞서는 자세

함께 괴로워하는 부모

살다 보면 질병과 상실, 패배와 고뇌를 피할 수 없다. 모든 인간, 심지어 마냥 작고 순진한 어린아이조차도 언젠가는 이것들과 마주하기 마련이다. 고통받는 쪽이 아이일 경우 부모는 혹독한 시험에 들게 된다. 부모가 예민한 기질이라면 대개 아이의 고뇌에 동화될 가능성이 크다.

　예민한 소년 옌스는 벌써 두 차례나 심장 수술을 받았다. 옌스의 엄마는 아이의 고통에 덩달아 괴로워하는 부모들이 있다는 제 말에 놀란 듯이 이렇게 반문했다. "그게 어때서요? 아들과 고통을 나누는 건 당연하잖아요!" 그렇게 함으로써 자신이 아들의 상황을 더 어렵게 만들수 있다는 충고를 그녀는 달가워하지 않았다. 그러나 아이의 두려움과 엄마의 두려움은 고통과 마찬가지로 서로를 극대화시킬 위험이 있다.

이처럼 부모가 아이의 고통에 동화되면 아이에게는 또 하나의 짐이 된다. 그러면 아이는 자신이 처한 난관을 부모에게 털어놓을 엄두를 내지 못한다. 그 상황을 혼자 감당할 수밖에 없다. 때로는 아이가 자신보다 더 괴로워하는 부모를 걱정하는 일도 있다. 물론 함께 괴로워하지 않고 그저 아이 곁을 지킨다는 게 말처럼 쉽지만은 않다. 그러나 그런 상황일수록 더욱 차분하게 이야기를 들어주는 것이 아이에게 힘을 주고 고통을 덜어준다.

자신의 근심이 아이에게 어떤 영향을 미치는지 잘 아는 부모는 역으로 진실을 회피하려 든다. 진실에 거부반응을 보이며 모든 정보에 귀를 막고 평가절하해버리는 것이다. 그 이야기를 쓴 저자가 권위 있는 전문가가 아니라는 등 온갖 구실을 가져다 대며 쓸모없는 정보라고 치부해버린다. 심지어 공격적으로 나오는 사람도 있다.

고통을 잘 견디는 아이

예민한 아이는 다른 이들에 비해 상처를 잘 받는다. 어떤 부모는 이런 특징 때문에 아이가 고통을 잘 견디지 못할 거라고 생각한다. 그래서 아이에게 큰 부담을 주지 않고 삶이 주는 모든 도전으로부터 아이를 보호하려 애쓴다. 어차피 수포로 돌아갈 것을 알면서도 말이다.

예민한 아이는 모순된 성격을 가졌다고 보면 된다. 상대적으로 덜 예민한 아이가 대수롭지 않게 지나칠 만한 일상적인 도전이나 부담에는 불안정한 태도를 보이지만 극단적인 상황에서는 오히려 반대 현상이 나타난다. 이때는 덜 예민한 아이가 불안한 태도를 보이는 반면, 예민한 아이는 별안간 대범해진다. 자신도 놀랄 정도로 그 상황에 집중하며, 다른 사람과 자신을 이 위험에게 구하기 위해 무엇을 해야 하는지 판단한다.

예민한 사람은 위험한 때일수록 머릿속이 맑아진다. 평소 품었던 회의나 망설임 따위도 사라진다. 나아가 행동 위주의 사고를 하며 무엇을 해야 하는지도 정확히 안다. 심지어 의지를 관철하는 능력, 내적인 권위를 발휘해 주위 사람들이 기꺼이 지시에 따르도록 만들기도 한다. 사고 현장을 통제하거나 불이 난 집에 갇힌 사람을 구조하는 경우가 그 예다. 상황이 정말 심각해질 경우 예민한 사람의 신경체계는 평소와는 다른 변속장치를 가동시킨다. 뜻밖에 드러나는 이러한 능력을 일종의 생명보험 장치로 이해하면 될 것이다.

예민한 사람의 또 한 가지 놀라운 특징은 남달리 고통에 강하다는 점이다. 온갖 사소한 자극에는 유별나게 반응하지만 반면 오랫동안 고통을 버틸 능력 또한 갖추고 있다. 아이들 역시 마찬가지다.

모든 점에서 완벽한 양육 과정을 거친 아이가 자라서 어떻게 되었는지에 대한 연구 결과는 지금껏 나온 적이 없다. 그 첫째 이유는 완벽한 양육이 어떤 것인지 아무도 모르기 때문이다. 지금까지는 늘 특정 아이 또는 특정 유형의 아이에게 어떤 방식이 적합하다는 가정만이 존재했다. 둘째, 성공적인 삶을 산 성인 중에는 유년기에 겪은 어려움 또는 부모의 양육방식으로 인해 고통받았던 경험이 자신을 성장시켰다고 자부하는 이들도 있다. 고통과 실수, 결핍과 저항은 결국 우리에게 의식적으로 험난한 인생길을 걷게 하지만 인간애 같은 자질이나 능력을 키우는 요소가 되기도 하기 때문이다.

호감과 존중을 담은 미소 보내기

두려움과 신뢰는 큰 영향력을 발휘한다. 스스로 느끼는 두려움이나 신뢰뿐 아니라, 주위 누군가가 우리에게 품은 두려움과 신뢰 역시 우리가 느낄 수 있을 정도로 영향력을 발휘한다. 사람은 누구나 끊임없이 주위 사람들, 특히 아이들에게 영향을 미친다.

다음과 같은 실험을 해보라. 아이와 마주 서서 아무 말도 하지 않고 호감과 존중을 담은 미소를 보내는 것이다. 긍정적인 에너지를 한쪽이 일방적으로, 또는 서로에게 보내며 그 효과를 느껴보라.

미소 띤 얼굴을 대하면 대개 기분이 좋아진다. 서로를 향해 동시에 미소 지으면 둘 다 따뜻한 정을 느끼게 된다. 참고로 반드시 아이와 시선을 맞춰야 할 필요는 없다. 그렇게 하면 너무 부담스러워질 수 있기 때문이다. 호감과 존중을 받아들이는 데 어려움을 겪는 사람도 있겠지만, 환한 미소는 확실히 긍정적인 영향력을 발휘한다.

소망하는 것에 집중하기

사고를 바꿔보자. 두려워하는 상황 말고 달성하고픈 목표를 떠올려라. 가령 어떤 질병에 대한 두려움을 품고 있다면 건강한 상태에 생각을 집중하라. 실패에 대한 두려움은 사실 성공하고자 하는 염원에서 비롯된 것이다. 이처럼 소망하는 것에 집중하며 동시에 그것이 미치는 영향력, 특히 신체 변화에 주의를 기울여보라. 호흡이 고요해지고, 한층 강해진 느낌이 드는가? 사고가 명료해지고 행동 위주로 생각하게 된 자신이 느껴지는가?

두려움에 대한 상상이 낳는 부작용을 건강과 성취에 대한 상상이 낳는 효과와 비교해보라. 두려워하는 일이 생기지 않도록 어느 쪽이 더 잘 막아주는가? 두려움을 털어버리라는 게 아니다. 그보다는 두려움을 여러분이 유지하거나 달성하고 싶은 상태와 연결해보라는 말이다. 그러면 목표지점으로 가는 길에 어떤 약점과 장애물이 도사리고 있는지 파악하는 데 도움이 된다. 동시에 여러분이 맑고 열정적인 정신으로 두려움을 극복하도록 도와줄 것이다.

이 방법은 아이의 두려움에도 활용할 수 있다. 부모 스스로 약해져 아이에게 불안감을 조장하기보다 아이에 대해 염원하는 바에 집중하라. 다만 그것이 좋은 염원이라 할지라도 신중하게 접근해야 한

다. 지나치게 확고한 태도를 보여서는 안 된다는 말이다. 누군가에게 진정으로 유익한 것이 무엇인지는 아무도 모르기 때문이다. 여러분의 아이에게도 마찬가지다.

이런 마음가짐을 지녀야만 부모는 아이의 영혼이 자신만의 길을 가고 자신을 계발시키는 데 필요한 자유를 부여해줄 수 있다. 자신의 길을 가려면 때로는 실패도 맛보아야 한다. 그로부터 새로운 것을 배우고 장애물을 극복하는 데 필수적인 단호함도 기를 수 있기 때문이다.

이 방법을 활용할 때는 신중해야 한다. 에너지와 관련된 영역에서 눈속임은 불가능하다. 인위적인 신뢰는 말 그대로 인위적인 신뢰일 뿐이다. 두려움을 감추려 애를 쓰는 사람은 아이에게 용기가 아니라 감춰두었던 두려움만 전달할 뿐이다. 이는 아이에게 더 큰 혼란을 초래한다.

부모-아이 경계선에 민감하라

아이의 예민한 기질은 바뀌거나 고쳐야 할 병이 아니라 오히려 재능이자 장점이라고 인식하게 된 부모가 다음으로 고민해야 할 것은 무엇일까? 앞서도 말했듯 그것은 바로 아이의 예민함을 다루는 부모 자신의 태도를 살피는 일이다. 내 아이의 예민함은 다른 예민한 아이의 그것과 같지 않다. 그 예민함은 '내 아이만의 예민함'이다. 그러므로 부모는 내 아이의 예민함을 살피고 아이가 그것을 자신만의 재능과 강점으로 만들 수 있도록 도와야 한다. 이때 아이를 돕기 위해 무엇보다 필요한 것이 바로 내 아이의 예민함을 살피는 부모의 태도다.

부모 역시 예민한 경우를 예로 생각해보자. 예민한 부모가 예민한 아이를 대할 때 주의할 점은 아이와 자기를 동일시하는 태도다. 예민한 부모는 자신들이 느끼는 것을 아이도 똑같이 느낄 것이라 확신한다. 그래서 상황을 미리 판단해버리고 그 판단을 기준으로 아이를 간섭하고 보호하려 든다. 이로 인해 예민한 부모는 아이를 과잉보호하는 우를 범하게 된다. 예민한 아이 입장에서는 차라리 예민하지 않은 부모가 편할 수도 있다. 감정에 쉽게 휩쓸리지 않는 부모를 통해 안정감을 느끼고 현실감각을 배우며, 행동 중심적 태도와 자신을 대변하는 능력, 갈등을 두려워하지 않고 이에 의연하게 대처하는 태도 등을 배울 수 있으니 말이다. 따라서 부모가 둘 다 예민한 경우, 예민하지 않은 부모가 지닌 장점을 아이가 배울 기회가 상대적으로 적음을 염두에 두어야 한다.

예민한 부모가 가장 주의해야 할 것은 아이의 삶의 영역을 인정하고 지켜주는 일이다. 과도하게 제한하거나 역으로 독립심이나 책임감을 과도하게 요구하는 것이 아니라 아이가 해결할 수 있는 영역을 스스로 세울 수 있도록 돕는 것이다. 바로 이것이 '경계선'의 개념이다. 둘 사이가 아무리 가깝더라도, 관계가 아무리 좋더라도 부모와 아이 사이에는 명확한 선이 존재한다. 정情 문화에 익숙한 우리나라 부모들에겐 아이와의 경계라는 말이 거부감을 줄지도 모른다. 그러나 이 선을 부인하거나 이 선을 거북하게 느끼는 경향이 높을수록 부모가 아이에게 함몰되어 있거나 아이가 부모에게 귀속되어 있을 가능성이 크다. 특히 사랑으로 포장된 정신적 학대로 예민한 아이를 병들게 하고 있을 수 있다. 반면 부모와 아이의 관계가 건강할수록 둘 사이의 경계선이 뚜렷하다. 이때 부모는 이 선이 드러나는 것을 두려워하지 않는다. 오히려 부모는 아이에게 명확한 경계선을 만들어주기 위해 끊임없이 자신과 아이 사이의 거리를 조절한다.

부모와 아이가 서로의 경계선을 인식하는 것, 부모가 아이에게 그 경계선을 인식할 수 있도록 하는 것은 선 그 자체보다는 선으로 구분된 영역 내에서 서로가 누릴 수 있는 자유를 인정하고 존중하도록 하기 위해서다. 물론 이 영역은 각자의 자유 공간일 뿐만 아니라 스스로 책임져야 하는 공간이기도 하다. 그렇기에 이 선은 부모가 일방적으로 만든 선이어서는 안 된다. 부모는 어떤 선을 만들어 강요하는 대신 아이 스스로 선을 만들 수 있도록, 자신의 영역을 찾을 수 있도록 격려해야 한다. 이를 위해서는 무엇보다 '아이의 자율성'이 허용되어야 한다. 아이는 하고 싶은 것을 충분히 해봄으로써 차고 넘침을 느끼고, 자신에게 더 적절한 선과 영역을 찾을 수 있다.

예를 들어, 어떤 부모는 많이 먹으면 배탈로 고생할 것을 걱정해 더 먹고 싶어 하는 아이를 제지하고 미리 정한 양만을 먹인다. 그러나 아이가 자신에게 적당한 경계선을 만들 수 있도록 도우려면 부모는 아이에게 먹고 싶은 만큼 실컷 먹어볼 기회를 줘야 한다. 아이 스스로 어느 시점에서 포만감이 느껴지는지 아는 것 또한 아이가 자신의 경계선을 찾는 일이기 때문이다. 그 과정에서 혹여 탈이 났다면 빨리 고쳐주려고 성급하게 굴기보다는 아이 스스로 자신이 먹은 양이 문제였다는 점을 파악하고 이후 먹는 양을 적절하게 조절할 수 있도록 기다려주어야 한다. 아이의 경계선은 이처럼 자율적 활동을 통해 자신만의 감각으로 만들어질 때 건강한 것이 된다. 그리고 이렇게 만들어진 건강한 경계선은 자신의 행동을 조절할 수 있게 하는 한편, 남에게 쉽게 휩쓸리지 않게 돕는다. 즉 배탈이 날 만큼 먹어본 아이는 이후 그렇게 많은 양을 먹지 않으며, 남이 아무리 권해도 소화 가능할 정도로 양을 조절할 수 있게 되는 것이다.

아이 스스로 찾은 경계선은 부모와 아이 사이의 관계에서뿐만 아니라 다른 사람들과의 관계에서도 상대의 경계선을 인지하고 존중함으로써 더 좋은 관계를 구축하고 유지할 수 있도록 돕는다. 현명한 부모는 아이 스스로 혼자서 조용히 성찰할 수 있는 공간을 남겨둠으로써 생기와 긴장감을 유지하면서도 지나친 융화나 소통의 부재, 또는 끝없는 다툼을 야기시키지 않는다. 또한 아이를 자신과 동일시하지 않고 아이와 서로 마주 보는 관계가 되기 위해 아이 스스로 평화로운 경계선을 만들 수 있도록 도와야 한다. 그래야만 넘을 수 없는 장벽이 아닌 정겨운 울타리 같은 경계선이 만들어질 수 있고, 친근감을 유지하면서도 서로를 존중하는 건강한 부모-아이 관계가 만들어질 수 있기 때문이다.

제 3 부

예민한 아이,
예민한 부모 돌보기

: 8장 :

넘쳐나는
자극의 홍수에서
살아남기

자극적인 환경에의 노출

요즘 아이들은 부모의 어린 시절에 비해 몇 배는 더 많은 자극에 노출되어 있다. 가령 예전에는 한 아이가 가지고 노는 장난감 수가 헤아릴 수 있을 정도였다. 곰 인형, 공, 줄넘기, 장난감 자동차 두어 개, 읽을거리, 그림도구와 만들기 재료 약간이 다였다. 하지만 오늘날 아이의 방은 당시로 치자면 작은 장난감 가게와 비교해도 손색이 없다.

예민한 아이는 아주 이른 나이에 이미 주변의 모든 사물과 현상을 정확하게 인지하고 흡수한다. 이런 아이는 큰 변화에 노출되는 것을 꺼린다. 특히 집 안에서는 모든 것이 늘 있던 자리에 그대로 있는 것을 좋아한다. 물건으로 가득 차 있거나 무질서한 방은 예민한 아이에게는 부담이 된다. 어떤 부모는 아이의 방을 온갖 장식품과 포스터로 꾸며주기도 하는데, 좋은 의도에서 한 것이라도 아이에게는 오히려 지나친 자극이 될 수 있다.

아기 침대의 머리맡이나 주위에 주렁주렁 매달린 모빌은 특히 아기를 성가시게 한다. 침대 위쪽만큼은 어떤 잡동사니도 없이 비워두는 것이 좋고, 이불도 지나치게 알록달록하거나 요란한 무늬는 피해야 한다. 예민한 아이는 보통 아이보다 색깔과 형태에 강하게 영향을 받기 때문이다. 게다가 아이의 눈에는 이것이 매우 역동적으로 비쳐져 휴식이 필요할 때 오히려 방해가 된다.

조명도 지나치게 눈부시거나 강한 것은 피해야 한다. 절약형 전구보다는 은은한 빛을 내는 백열등이 좋다. 정해진 절차, 익숙한 의식, 특정한 시간에 규칙을 준수하는 일은 예민한 아이에게 안정감과 확신을 준다. 이런 요소는 복잡하게만 느껴지는 일상에서 아이에게 길잡이가 되어주며, 그 영향은 부모에게까지 미친다.

부모는 아이의 방에 자극적인 요소가 넘쳐나지 않도록 신경 써야 한다. 장난감 수는 줄이되 품질이 좋고 아이가 선호하는 것이나 관심 있어 하는 것이 좋다. 물론 아이의 소유물과 영역에 관한 문제기도 하므로 원래 있던 장난감을 부모가 허락도 없이 치우거나 남에게 줘버려도 된다는 것은 아니다. 선물 받을 일이 있을 때는 어떤 게 좋은지, 지나치게 많은 것이나 부담스러운 것은 친구나 친척들과 요령 있게 상의하라.

청소와 관련해서는 꾸중이나 강요를 최대한 피해야 한다. 그렇지 않으면 아이는 청소를 스트레스나 하기 싫은 힘든 일, 또는 갈등 상황과 연관 짓기 쉽다. 그러고 나면 정리 정돈에 대한 의욕은 사라지기 마련이다. 아이는 원래 청소를 힘들어하기 마련인데, 요즘 아이들은 훨씬 더 어려워한다. 9세 이하의 아이에게는 아직 스스로 청소를 할 능력이 없다. 부모가 청소를 함께하면서 즐거운 분위기를 조성해주어야 한다. 무언가를 함께한 뒤의 결과물만으로도 아이에게는 충분한 보상이 될 것이다.

예민한 아이에게는 과잉 격려와 과소 격려, 과잉 자극과 과소 자극 사이의 범위가 매우 좁다. 예민한 아이가 지나친 자극에 노출되면 금세 그것에 압도되거나 혼란에 빠진다. 소란스러웠던 하루의 여운이 밤늦게까지 이어져 아이의 수면을 방해하기도 한다. 그러면 부모는 적극적으로 해결책을 모색하지만 해결할 수 없음을 깨닫고 무력감을 느끼며 포기하게 된다.

아이가 받은 과도한 자극과 그에 대한 부모의 근심은 흔히 서로를 가중시킨다. 모순적으로 들리겠지만 바로 이런 이유 때문에 부모가 아이의 내적 동요에 영향을 받지 않는 것이 굉장히 중요하다. 부모가 침착할수록 아이도 잠들기 쉬워진다.

낯선 환경과 새로운 자극

대다수의 부모는 특별한 경험을 통해 아이를 즐겁게 해주고 싶어 한다. 그래서 축제 행사장을 방문하거나 낯선 도시로 여행을 떠나거나 놀이공원으로 나들이를 가기도 한다. 긴 이동시간과 지나친 자극에 심신이 지치기는 해도 이런 기회는 예민한 아이에게도 매혹적으로 다가온다.

하지만 아이가 견딜 수 있는 부담이 한계에 다다르면 부모의 휴식마저 망칠 수 있다. 예민한 아이는 휴가지에 도착하고 며칠이 지나서야, 혹은 똑같은 장소로 두 번째, 세 번째 휴가를 가고 나서야 비로소 안정감을 느끼는 경우도 있다. 낯선 휴양지는 모든 것이 새롭고 집과 전혀 다르므로 아이는 신경을 곤두세운다. 공기도 다르고 물맛도 다르고 낯선 냄새가 나고 음식도 다르기 때문이다. 아이는 주위에서 들려오는 온갖 낯선 소리와 사투리, 외국어 등을 인지한다. 그러면 휴가지에서의 달콤한 휴식은 깨지기 마련이다.

예민한 아이는 특정 휴양지에서 휴가를 보내면서 어떤 방식으로든 그곳에 익숙해지고 나면 다음번에도 똑같은 장소에 가고 싶어 한다. 휴가를 꼭 가야 한다면 말이다. 예를 들어 슈투트가르트에 사는 예민한 아이가 슈바르츠발트의 농장에서 첫 휴가를 보낸 경우 이후에도 항상 같은 장소, 같은 농장으로 가자고 주장할지 모른다.

아이가 그러는 데는 이유가 있다. 짧은 이동 거리, 익숙함, 친근함 등은 아이에게 편안한 휴식을 누릴 수 있게 해준다. 그리고 농장에서는 텔레비전처럼 간접적으로 보고 듣는 것보다 훨씬 값진 체험을 할 수 있다. 개울가에서 놀고, 동물에게 먹이를 주고, 자연을 접하는 것이다. 물론 이런 경험은 덜 예민한 아이에게도 매우 유익하다.

식생활에서의 문제점

우리가 먹는 음식도 소화해야 하는 정보의 일종이다. 다양한 음식을 섭취하면 가능한 많은 영양분을 얻을 수 있어 여러 측면에서 유익하고 권장할 만한 일이다. 그러나 예민한 아이에게는 이것 역시 과도한 자극에 노출되는 경험이다.

우리 선조들은 편협한 식생활을 해왔기 때문에 음식으로 지나친 자극을 받지 않았다. 주로 거주지 근처에서 재배되는 작물만 섭취했는데 이는 몇 세대에 걸쳐 이어졌기에 사람들은 식생활에 쉽게 적응했다. 반면 현대인의 위와 장은 이국적이고 익숙하지 않은 수많은 음식을 접하느라 놀란 상태다. 그래서 일단 여기에 적응할 시간이 필요하다.

자극이 없고 단조로운 음식만 섭취하라는 이야기가 아니다. 가장 문제가 되는 것은 착향료(천연 착향료도 예외는 아니다), 화학조미료, 착색료 등의 식품첨가물이다. 유전자 조작을 한 식품은 말할 것도 없다. 이 모든 것이 뭉뚱그려져 인체에 어떤 영향을 미치는지에 대한 분석은 지금껏 나온 적도 없을뿐더러 앞으로도 영영 나오지 않을 것이다. 사람들은 이런 첨가물이 아이에게 어떤 영향을 미치는지마저 제대로 연구조차 되지 않고 있다. 참고로 이런 첨가물이 아동에게 어떤 영향을 미치는지 실험하는 일은 윤리적인 이유 때문에라도 불가능하다. 대부분의 사람들은 자극 과다 현상이 일어나는 데 이런 식품첨가물도 일부 기여한다는 사실을 간과하고 있다.

또 한 가지 꼭 언급하고 넘어가야 할 것이 당분이다. 요즘 아이들은 당분을 과도하게 섭취한다. 당분은 활동을 위한 에너지를 만들어내기 때문에 지나치게 섭취했다가는 아이가 산만해질 수 있다. 상황이 이런데도 어른들은 아이에게 얌전히 앉아 수업에 집중할 것을 요구한다. 인스턴트식품이나 과도한 당분 섭취를 줄여주는 것만으로도 예민한 아이를 안정시킬 수 있다.

예민한 사람은 소화불량과 알레르기에 시달리는 경우가 많다. 예민한 아이 중 대다수는 아주 어릴 때부터 이러한 문제로 고통받는데 부모는 자연식 식단을 짜서 아이가 더 건강한 몸을 갖도록 도와주어야 한다.

예민한 사람 스스로가 만들어내는 압박감과 외부적 요인으로 인한 압박감, 과도한 자극, 소화불량이나 알레르기 반응의 강도가 서로 긴밀히 연관되어 있음을 알려주는 징후는 쉽게 발견된다. 알레르기는 내적 갈등이 신체를 통해 발현되는 것이기 때문이다. 한 여성은 자신에 대한 믿음이 강할 때 알레르기 반응이 줄어든다는 것을 깨달았다고 한다. 갑작스러운 스트레스에 시달릴 때만 알레르기 반응이 재발했다고 한다.

예민한 아이의 질병과 약물 복용 방법

예민한 아이나 다른 아이나 질병에 노출되는 정도는 똑같다. 그러나 예민한 아이의 부모는 자신의 아이만 특히 증상이 심하게 나타나고 더 많이 아프다고 이야기한다. 그런데 예민한 아이의 질환은 흔히 현재 가족에게 일어나고 있는 문제와 맞물려 나타난다. 예민한 아이는 가족 내의 긴장된 분위기를 흡수하고 이를 신체적 증상, 즉 병으로 나타내는 경향이 있다.

예민한 아이와 다른 아이의 차이는 약효에서도 뚜렷이 나타난다. 예민한 성인은 처방전이나 사용설명서에 적힌 것보다 적은 양을 복용하고도 효과를 보는 경우가 많은데, 이는 아동에게 있어서도 마찬가지다. 이런 경우 의사에게 미리 알리는 것이 좋다. 다만 진통제는 이와 정반대 현상을 보일 수 있다.

동종요법(인체에 질병 증상과 비슷한 증상을 유발시켜 치료하는 방법-역주)에서 사용되는 약제의 경우 그 차이가 더욱 분명하다. 예민한 사람은 유난히 민감하게 반응하는 반면, 덜 예민한 사람은 효과를 전혀 보지 못하는 경우도 많다. 여러분도 자신에게 어떤 약이 어떤 효과를 나타내는지 세심하게 주의를 기울여보라.

영혼을 망가뜨리는 미디어의 유혹

미디어와 오락 소비는 급속한 증가 추세를 보이고 있다. 아이들에게 지금처럼 오락거리가 많이 제공된 시대는 지금껏 없었다. 내가 어렸을 때는 무료했기에 나름 생각과 꿈, 아이디어와 창의력이 탄생했고, 이것이 무언가의 시발점이 되었다. 그러나 오늘날에는 온갖 미디어의 유혹으로 인해 심심해할 겨를조차 없게 되었다. 그 결과 또 다른 의미에서의 무료함이 생겼고 이는 대부분 더 다양한 미디어를 소비하도록 부추겨 개인의 창의성 계발을 저해한다. 결국 아이는 이런 식의 악순환에 걸려들고 만다.

아이가 감각과 신체를 통해 세상을 직접 체험하는 게 아니라 미디어를 통해 걸러진 자극을 흡수한다는 점도 문제다. 추상성의 증대와 더불어 의미를 잃어버린 자극들은 점점 더 다른 것으로 대체 가능해지고 있다. 즉 하나의 자극이 버튼 하나만 누르면 다른 자극으로 대체되는 것이다. 텔레비전에서 보여주는 온갖 자극적인 내용은 아이의 신경계와 영혼을 급습해 마구 휘저어놓기만 할 뿐 아이의 인생에 어떤 의미도 되지 못한다. 미디어의 자극은 아이를 수동적으로 만든다. 미디어 앞에서 시간을 허비하다 보면 개인적인 활동이나 놀이, 움직임, 사회적 접촉을 할 시간이 남아 있지 않게 된다.

그렇다고 옛날이 모든 면에서 나았다는 이야기는 아니다. 곰곰이 생각해보면 옛날도 무작정 찬미할 정도로 이상적이지는 않았다. 그저 현대 아동이 지나치게 많은 자극에 노출되어 있다는 사실을 강조하는 것뿐이다. 예민한 아이는 정확히 이 점, 다시 말해 자극을 흡수하고 소화하는 방식에 있어 다른 아이와 다르다. 예민한 아이가 인지능력을 조절하지 못하면 넘쳐나는 자극에 잠식당하고 한층 더 무력감을 느끼게 된다.

우리는 시대적 변화로 생긴 이 도전에 대처하는 법을 배워야 한다. 시대의 흐름을 천천히 따라온 성인은 뺄 건 빼가며 적응해갔다. 그러나 요즘 아이들은 준비도 되지 않은 상태에서 특별교육을 받을 틈도 없이 미디어가 제공하는 온갖 유혹에 노출되어버린다. 그중에서도 예민한 아이는 이런 미디어의 홍수에 특히 강하게 압도당한다.

텔레비전과 컴퓨터의 현명한 사용법

지금부터 소개하는 정보와 규칙은 사실 예민한 아이뿐 아니라 모든 이들에게 적용할 수 있다. 다만 예민한 아이에게는 외부에서 받은 인상이 더욱 강렬하고 깊이 침투하기 때문에 필수적으로 적용해야 한다. 미디어의 자극에 지나치게 휩쓸리지 않으려면 아이는 반드시 이러한 인상을 소화할 수 있어야 한다. 소화하는 과정은 능동적이고 의식적이면서도 두드러지지 않게, 어느 정도는 무의식적으로 일어나야 한다.

텔레비전을 시청할 때는 보고 있는 프로그램의 내용을 떠나 끊임없이 에너지를 소모하게 된다. 내용에 대한 흥미 때문이 아니라 그저 시간을 보내기 위해 어떤 방송을 시청할 경우, 그리고 방송 내용이 보는 사람에게 아무런 의미가 없으면 더욱 그렇다. 보이는 것을 인지하는 데 에너지를 소비하고 있기는 하되, 그것이 에너지 재생산으로 이어지지 않기 때문이다.

사람에게 활력을 주는 상호작용은 오로지 개인적 관심이 존재하고 또 활용될 때만 이루어진다. 예를 들어 사자에 관해 좀 더 알고 싶거나 사자를 무척 좋아하거나 사자를 관찰하는 데 흥미가 있는 사람이 사자 관련 영화를 볼 때 그렇다. 이때 그는 화면을 보는 데 주의를 기울이고 에너지를 소모하지만 동시에 무언가를 되돌려 받는다. 영화를 보는 것만으로도 즐겁지만 영화가 끝난 뒤 특히 사자에 대한 지식과 이해를 한층 넓혔다는 큰 만족감을 얻는다.

그런데 토론 프로그램이 이어지고 주제나 출연자들에게 별 관심이 가지 않는데도 이를 계속 시청한다면 그는 방송이 끝난 뒤에 별다른 행복감을 느끼지 못한다. 딱히 세상에 대한 이해를 넓힌 것도 아니다. 불필요하게 에너지를 소모한 그는 좋아하는 프로그램을 본 직후보다 육체적으로 더 피로를 느끼게 된다.

의식적인 미디어 사용법

아이가 방송 내용에 관심이 있어서가 아니라 단지 지루함을 달래거나 그저 시간을 때우기 위해 텔레비전을 시청한다는 사실을 눈치 채면 부모는 아이의 텔레비전 시청을 제한하고 건설적인 방향으로 관심을 돌려야 한다.

이따금 아이가 시청하고 있는 방송 내용에 관해 질문해보면 부모는 아이에게 생각할 기회를 주는 동시에 시청한 것을 잘 이해하고 정리하도록 도와줄 수 있다. 아이가 어떤 방송을 관심 있게 보았는지, 아니면 그저 무료함을 달래기 위해 텔레비전을 보았는지도 아이의 설명을 통해 파악할 수 있다. 심심풀이로 텔레비전을 보면 아이는 불필요하게 에너지를 낭비하고 자신을 약하게 만든다.

텔레비전 앞에서 채널을 이리저리 돌리고 있을 때는 에너지 소모가 특히 심하다. 이 채널 저 채널 돌려봐도 흥미롭거나 재미있는 프로그램을 찾지 못하면 말이다. 그렇게 30분 정도 흐르고 나면 에너지는 거의 소진되어버린다. 아이가 채널만 이리저리 돌리고 있거나 현재 방송

중인 프로그램을 주의 깊게 보고 있지 않으면 부모가 곧바로 개입해야
한다.

• 아이와 함께 시청 프로그램 정하기

텔레비전은 의식적인 미디어 사용법을 배울 수 있는 좋은 수단이다. 텔
레비전 시청을 완전히 금지하는 것은 전혀 효과가 없다. 오히려 아이의
신경만 날카로워지고, 아이가 세상에 대해 전혀 배우지 못할 수도 있다.
그러니 금지하기보다는 어떤 프로그램을 보면 좋은지 아이와 상의해
결정하라. 아이의 시야를 넓혀주는 프로그램, 학교 수업을 시각적으로
좀 더 잘 이해할 수 있도록 보충해주는 방송 등 유익한 정보가 들어 있
는 것이 좋다. 물론 그저 재미를 위한 프로그램, 학교에서 아이들 사이
에 이야깃거리가 되는 프로그램도 시청하도록 허락해주어야 한다. 단
이런 오락 프로그램들 역시 실제로 에너지 창출 효과를 낸다는 전제가
있어야 한다.

• 텔레비전 시청 후 아이와 대화하기

텔레비전이 아이에게 어떤 영향을 미치는지 파악하기는 의외로 매우
쉽다. 프로그램을 보기 전과 후에 아이의 상태가 어떻게 다른지 살펴보
기만 하면 된다. 특히 아이가 느끼는 신체 상태에 주목해야 한다. 에너
지 상태를 인지할 수 있는 사람은 오직 당사자뿐이다. 아이가 오락 프로
그램을 재미있게 보았다면 이는 아이에게 유익한 자양분이 될 수 있다.

반면 교육 프로그램이 좋다는 생각에 보라고 강요하면 아이는 거기서 아무것도 얻지 못한다.

특정 프로그램 시청 전과 후의 신체 상태는 프로그램을 선택하는 데 중요한 기준이 된다. 프로그램을 시청한 뒤 아이에게 질문하고 내용에 관해 대화를 나누자! 덧붙이자면 아이의 에너지를 측정하는 객관적 기준은 없지만 부모가 이를 주관적으로 판단해서는 안 된다. 특히 프로그램이 아이에게 미치는 영향력을 잣대로 들이대서는 안 된다.

• 텔레비전 앞에 앉아 있는 시간 줄이기

여러분은 텔레비전을 얼마나 시청해야 피로감을 느끼는가? 아이가 에너지가 거의 방전되거나 소화하기 벅찰 정도로 많은 인상에 짓눌리지 않고 텔레비전을 볼 수 있는 시간은 얼마나 되는가?

텔레비전 시청 시간이 그보다 훨씬 가치 있는 다른 활동에 쓰일 수 있다는 사실을 기억하라. 아이가 텔레비전 앞에서 보내는 시간을 정할 때는 반드시 다른 아이와 어울려 활동하는 놀이 시간을 고려해야 한다. 특히 움직임이 많고 자기 주도적인 놀이가 중요하다. 텔레비전 시청 시간은 능동적인 활동 시간보다 많이 짧아야 한다. 1:2 비율로 하면 좋다.

컴퓨터 게임 중독을 주의하자!

우리는 모든 것에서 배운다. 아이는 더욱 그렇다. 인간은 뇌를 활용해 두뇌와 그것의 기능방식을 결정할 뿐 아니라 인성도 형성시킨다. 컴퓨터 게임이 텔레비전보다 더 해로운 이유가 바로 여기에 있다. 신경을 극도로 혹사시키는 동시에 어마어마하게 에너지를 소모시키기 때문이다. 예민한 사람은 그 정도가 훨씬 심각하다.

컴퓨터 게임을 할 때 뇌 속에서는 자극, 반응 그리고 대개 그 뒤를 따르는 보상에 대한 쾌감으로 구성된 일련의 과정이 끊임없이 반복된다. 이 보상에 대한 쾌감은 특정한 신경전달물질의 분비로 유발되는데, 심지어 이 물질에 중독될 수도 있다. 바로 게임에 중독되는 것이다. 그밖에 다른 인격 변화가 일어날 가능성도 있다. 흔히 감각 둔화, 사회적 공감능력 상실, 고립의 심화 등이 관찰된다.

예민한 아이의 감각이 이런 식으로 둔화될 경우 남보다 우월한 재능과 능력을 상실하게 된다. 그러나 이 경우에도 컴퓨터 게임을 완전히 금지하는 것은 좋은 해결책이 아니다. 그보다는 컴퓨터에 대한 관심을 다른 방향으로 유도하자. 가령 아이를 컴퓨터 심화 과정이나 모임에 참가시키는 것이다. 이때도 "아까는 기분이 어땠니? 지금은 기분이 어떠니?"라고 틈틈이 물어보는 것이 좋다.

상자를 몇 개 옮길 수 있겠니?

아이의 에너지 상태를 측정할 때는 부모의 주관을 개입시켜서는 안 된다. 그럼 어떻게 측정하면 좋을까? 바로 가상의 상자 옮기기 질문을 해보는 것이다. 아이에게 "지금 상자를 몇 개 옮길 수 있겠니?", "텔레비전을 보기 전에는 상자를 몇 개 옮길 수 있었을 것 같았니?"라는 질문을 해보라. 질문을 통해 아이는 현재 자신의 에너지를 능동적으로 인지하고 수치로 가늠할 수 있게 된다. 예민한 아이에게는 매우 중요한 문제다. 부모 역시 아이를 더욱 예리하게 파악해 아이의 활력을 어림잡고 한계와 가능성을 알 수 있다.

상자 옮기기 질문은 텔레비전을 시청할 때뿐 아니라 평소에도 활용할 수 있다. 따지고 보면 이 질문은 아이에게 기분이 괜찮은지 묻는 것과 같다. 스스로에게도 틈틈이 이 질문을 해보라. 당신의 에너지 상태에 주의를 기울이고 조절하며 개선시킬 수 있다.

예민한 아이의 에너지 측정법

아이에게 "너는 어느 쪽이 더 좋았니?"라고 질문한다.

(가)
– 다른 아이들이 활발하게 뛰노는 것 지켜보기
– 운동 경기 관람
– 다른 아이들이 만들기나 그리기, 음악 활동 하는 것 지켜보기
– 다른 아이들이 무언가를 발견하거나 궁리하는 것 지켜보기

(나)
– 다른 아이들과 함께 어울리기
– 스포츠에 참여하기
– 직접 만들기나 그리기, 음악 활동하기
– 다른 아이들과 어울려 무언가를 발견하거나 궁리하기

　더불어 "네가 적극적으로 참여하고 즐기려면 뭐가 필요할까?"라는 질문도 해보라. 아이와 자신이 더 잘 할 수 있고 좋아하는 것에 관해 대화를 나누면 틀림없이 유익한 효과를 불러올 것이다.

: 9장 :

예민한 아이의
학교생활

다른 별에서 온 아이

늦어도 초등학교에 들어갈 즈음에는 예민한 아이가 다른 아이들과는 다르다는 것이 명확히 드러난다. 아이는 대다수 학생들과는 '다른 것'을 '다른 방식'으로 인지하며 남다른 판단과 결론을 내린다. 때로 아이는 이 세계와 나란히 존재하는 다른 세계에 사는 것 같고, 또래 아이들 틈에서 자신이 다른 별에서 온 것 같은 낯선 느낌을 받는다.

페터는 초등학교 3학년 때 학급 친구들과 유랑 서커스단 공연을 보러 갔던 경험에 관해 이렇게 이야기한다.

"친구들은 맹수 공연에 특히 열광했어요. 그러나 저는 당장 자리를 박차고 일어나 불쌍한 사자들에게 채찍을 휘두르며 위협하는 거만한 조련사의 손에서 채찍을 빼앗고 싶었어요. 별안간 제 내부에서 커다란 힘이 샘솟는 게 느껴졌죠. 저는 조련사에게 채찍질하고 그를 사자 우리에 가둔 뒤 사자들을 풀어주고 싶은 충동이 일었어요. 주위를 둘러보니 사팔뜨기 힐데를 제외하고는 저와 친한 친구들 모두 그 끔찍한 맹수 쇼를 즐기기까지 하더군요!

물론 저는 여느 때처럼 아무것도 하지 못했어요. 늘 그랬듯이 두 손으로 제 허벅지를 움켜쥐고 있었을 뿐이죠. 그러자 채찍을 든 잔인한 조련사도, 행복한 삶을 빼앗긴 가련한 사자들도, 친구들 사이에서 느껴지던 낯선 느낌도 별로 고통스럽지 않았어요. 그렇게 혼자 고통스러워하며 심리적 압박감을 견뎌냈죠.

사람들이 제게 서커스가 재미있었냐고 물었을 때 전 그냥 그랬다고 대답했어요. 공연이 끝나자 친구들 틈에서 혼자만의 생각에 몰두한 채 집으로 돌아왔고요. 다른 아이들은 한없이 슬퍼 보이고 증오로 가득 찬 사자들의 눈과 푸석푸석한 털을 보지 못한 것일까요? 이 모든 것을 정말 아무도 눈치채지 못한 걸까요?"

다르게 생각하는 아이

예민한 아이는 인지방식뿐 아니라 사고방식도 남다르다. 어찌 됐든 남보다 더 많은 정보를 서로 연결시켜야 하기 때문이다. 정보가 끝없이 그물처럼 얽혀 있는 까닭에 이들의 사고 과정은 한층 복잡하다. 덕분에 예민한 아이는 지능계발 훈련의 기회가 더 많다. 그렇다고 예민한 아이가 모두 지능이 높은 건 아니다. 도리어 온갖 정보와 생각, 추론들 사이에 얽혀 혼란에 빠질 가능성도 있다.

아이는 자기 생각을 홀로 감당해야 한다. 예민한 아이는 상대방의 생각을 쉽게 흡수하는데, 이는 기회인 동시에 잠재적 위험요소도 된다. 예민한 아이가 매우 다양한 방식으로 사고할 수 있게 해주기에 기회가 된다. 내적으로 한발 물러서서 상황을 주시할 줄 아는 아이라면 자기 생각을 성찰하고 그에 의문을 품을 수도 있다. 즉 예민한 아이는 대다수 아이들보다 급진적이고 광범위하며 체계적인 맥락에서 사고할 수 있다. 그러나 일반적으로 예민한 동시에 지능까지 뛰어난 아이는 친구들에게 야심만만하고 잘난 체 혹은 아는 체하는 아이로 비쳐질 가능성도 크다. 남들이 입 밖으로 내지 않는 것까지 눈치 채는 예민한 아이가 또래 친구들에게 그렇게 평가받는 것을 좋아할 리 없다.

다른 사고방식을 가졌다는 것은 예민한 아이에게 고통일 수 있다. 자신이 이질적으로 느껴지고, 자신은 상대의 생각을 아주 잘 이해할 수 있음에도 정작 남들에게는 이해받지 못한다고 여기기 때문이다. 예민한 아이는 상대에게 지나치게 감정 이입을 하는 나머지 자신의 관심사에 대해서는 잊어버리기 일쑤다. 대다수 예민한 학생은 급우들과 똑같은 사고방식을 갖고 싶어 한다. 그래서 남들과 비슷해 보이도록 자신을 가장하는 데 뛰어난 지능을 총동원하는 일도 있다.

다시 한 번 강조하건대 예민한 아이들이 모두 뛰어난 지능을 가진 것은 아니다. 게다가 지능이 뛰어난 아이들도 대개는 자신에게 무슨 일이 벌어지고 있는지 꿰뚫어볼 만큼 성숙하지 않다.

교사와 친구 사이에서의 딜레마

남다른 인지능력과 사고방식은 수업시간에도 영향을 미친다. 예민한 학생은 때로 학습일정을 따라가는 데 어려움을 겪는다. 하나의 주제를 남들은 간과하기 쉬운 다른 차원에서 보는 일이 많기 때문이다. 아이는 이런저런 대목을 좀 더 깊이 파헤치고 싶어 하며, 학교에서 요구하지 않는 심오한 관점을 계발하기도 한다. 이처럼 지나간 학습 내용에 골몰해 있다 보니 아이는 필연적으로 다음 학습 과제에 집중할 수 없게 된다.

예민한 아이는 인지한 것에 내적으로 관여하는 정도도 매우 높다. 따라서 공부할 때도 주변 분위기나 친구, 교사와의 관계가 특히 중요하게 작용한다. 친구에게 존중받는지, 각 과목의 교사에게 이해받고 받아들여지는지에 따라 학업 성취도가 달라지는 것이다. 이들은 사람들의 선입견이나 존중, 호감을 일일이 감지한다. 따라서 아이가 좋아하는 교사에게 자신을 맞출 수 있으면 학습도 한결 쉬워진다. 그러나 교사를 기준으로 삼는 일이 친구들과의 관계에는 불리하게 작용할 수도 있다. 아이는 이때 딜레마에 빠진다. 그러나 아이가 친구에게 존중받는 능력이 있다면 괜찮다. 또한 교사가 자신의 분야에 전문성은 물론 내적 권위까지 가져 모든 학생에게 존경받는 인물인 경우에도 예민한 아이에게 불리한 상황이 야기되지는 않는다.

예민한 아이에게는 어떤 학교가 적합할까?

예민한 아이를 둔 부모는 국공립학교보다는 더 나은 환경을 제공해줄 것으로 여겨지는 학교를 찾아 나선다. 물론 종교 계열 학교라든지 몬테소리 초등학교(의사 겸 교육학자 마리아 몬테소리^{Maria Montessori} 여사의 교육철학에 따라 자율적인 학습능력을 기르는 데 초점을 맞춘 학교-역주), 발도르프 학교(인지학자 겸 교육학자 루돌프 슈타이너^{Rudolf Steiner}가 건립한 대안학교-역주)가 일반 학교보다 예민한 학생의 특성에 더 적합한 교육을 할 가능성도 있다.

그러나 어떤 학교가 예민한 아이에게 가장 유리하냐는 질문에 한마디로 대답하기란 불가능하다. 예민한 아이라도 저마다 성향이 다르고, 예민한 기질 외에도 나름의 특성과 욕구를 지니고 있기 때문이다. 학교의 특성은 그 학교의 교육 철학과 적용 방식뿐 아니라. 각 교사의 개인적 특성도 영향을 미친다.

• 가까운 학교를 선택하라

학교 유형보다는 거주 지역에서의 학교 위치가 더 중요하다. 익숙한 이웃이 있고, 잘 아는 친구가 같은 학교에 다니면 아이의 부담이 크게 줄어든다. 특수한 학교는 예민한 학생에게 더 잘 맞춰줄 수 있을지 모르지만, 집에서 학교까지의 거리가 멀면 그러한 장점은 금세 없어진다. 날마다 대중교통을 이용해 먼 거리를 다니거나 부모가 항상 등하교를 책임져야 하는 상황은 예민한 학생에게 부담으로 작용하기 때문이다.

아이가 학교에 느긋하게 걸어 다닐 수 있는 가까운 거리는 여러 가지 측면에서 장점이 된다. 그만큼 활동량이 많아지고 스트레스가 해소되며 정신이 맑아진다. 또 경험한 것을 소화하고 생각에 잠길 수 있고, 내적인 균형을 되찾을 기회도 생긴다. 걸어 다니며 학교라는 세계와는 전혀 다른 가족의 세계에 다시금 자신을 맞출 시간적 여유도 가질 수 있다. 학생에게 등하교 시간은 자유를 누릴 수 있는 귀중한 순간이다. 때로는 아이의 삶에서 훈육과 압박과 통제가 존재하지 않는 유일한 순간이기도 하다.

• 아담하면서 공간 활용이 잘 되어 있는 학교가 좋다

학교의 규모도 적잖은 영향을 미친다. 규모가 큰 학교가 실험실이나 체육시설을 잘 갖추고 있고 공간적 여유도 넉넉하다는 것은 부인할 수 없는 사실이다. 그러나 예민한 학생에게는 아담하면서도 공간 활용이 잘 되어 있는 학교가 좋다.

• 방과후 교실은 예민한 아이에게 적합하지 않다

방과후 교실은 대부분의 학생에게 유익하며 더 많은 기회를 제공한다. 그러나 예민한 학생은 명료한 자아의식과 정신적 균형을 되찾기 위해 혼자 있는 시간과 공간이 필요하므로 방과후 교실 활동이 적합하지 않다. 타인을 자신의 내부로 흡수하는 정도가 높은 학생일수록 급우들과 긴 시간을 함께 보내는 일을 한층 고되게 느낀다. 때에 따라서는 이것이 지속적인 스트레스가 되어 그에 상응하는 부작용을 일으킬 수도 있다. 예민한 아이에게는 매일 매일의 학습 부담에 더해 학교에 머무는 일 자체가 이미 에너지 소모를 필요로 하는 힘든 일이 된다.

거부와 체념의 악순환

소음에 대처하기

부모가 어떤 학교를 선택하든 아이는 학교의 소음에서 벗어날 수 없다. 소음 때문에라도 예민한 아이는 학교가 극복해야 할 커다란 난관이 된다. 학생들이 무리 지어 놀거나 장난칠 때는 특히 더 하다. 학생들뿐만이 아니라 학생들의 주의를 집중시키기 위해 교사들도 큰 소리를 내야 할 때가 있다. 언성을 높이기도 하고, 체육 시간 같은 경우는 귀청이 찢어지도록 호루라기를 불기도 한다. 게다가 학교 건물을 지을 때 소음 차단 효과를 제대로 고려하지 않은 경우도 허다하다.

학교에서 가장 시끄러운 때는 쉬는 시간이다. 예민한 아이는 쉬는 시간에 제대로 휴식을 취할 수 없다. 대다수 아이는 이런 소음을 생명력이나 삶의 기쁨을 표출하는 소리로 받아들이지만 예민한 아이에게는 즐거운 함성이나 체육 선생님의 호루라기 소리가 사이렌과 마찬가지로 스트레스를 유발하며 온갖 부작용을 일으킨다.

스트레스로 인한 신체적 반응에 관해서는 이미 잘 알려져 있다. 그러나 인간의 뇌가 스트레스 상태에서 평소와는 다르게 기능한다는 사실은 간과되는 경우가 많다. 안타깝게도 이때는 뇌의 기능이 제한된다. 한마디로 주위 소음에 대한 반응은 학습에도 직접적인 영향을 미친다.

소음 스트레스를 겪는 아이가 소리를 부정적으로 평가하고 거부하는 것은 당연한다. 심지어 자신은 무슨 일이 있어도 시끄럽게 굴지 않겠다고 결심하게 될지도 모른다. 이런 거부감 때문에 아이는 소음을 차별적으로 받아들이지 못한다. 극단적인 경우 모든 소리를 '시끄러운 것'과 '나직한 것'으로만 구별하게 되고, 아이에게 미치는 소음의 영향력은 한층 증대된다. 결국 선입견은 시간이 갈수록 강해진다.

학습 리듬 바꾸기

예민한 아이는 다른 아이들에 비해 많은 것을 소화해야 한다. 그러다 보니 당연히 더 많은 시간이 필요하다. 또한 수많은 자극이나 변화가 예민한 아이를 압박하면 무감각한 상태에 빠지기 쉽다. 외부에서 관찰할 때 이런 상태에 있는 아이는 아무 움직임도 없는 것처럼 보인다.

명확한 사고를 되찾기 위해 예민한 아이는 잠시 이처럼 정신적 휴식을 취한다. 이따금 시간이 더 걸릴 때도 있는데 사람들은 이를 게을러서라고 여긴다. 그러나 아이에게도 이 시간을 견디는 일은 매우 힘겹다. 예민한 청소년은 대부분의 또래 아이보다 으레 이 연령대에서 겪는 성장발달상의 주요 위기에 한층 더 빠져들기 때문이다. 외부에서 자신에게 요구하는 것은 물론이고 자기 자신에 대한 기대에서 비롯된 압박감까지도 너무 지나치게 감지하기에 이들에게는 틈틈이 짧은 휴식이 필요하며, 이따금 좀 더 긴 휴식을 해야 할 때도 있다. 그러나 이런 휴식의 필요성을 잘못 이해하는 사람이 많다. 그래서 사람들은 때로 예민한 아이를 게으르게 보고 적절치 못한 순간 몰아대기도 한다.

칼의 엄마는 좌절감에 빠져 있다. 아들이 숙제를 하지 않으려 해서다. 억지로도 시켜봤지만 사이만 나빠질 뿐이다. 엄마는 벌써 석 달째 힘겹게 노력하고 있다. 엄마가 상상하는 오후 일과는 달랐다. 학교가 파하면 아들이 귀가하고 엄마가 식사 준비를 마치면 두 사람은 식사를 한다. 그 뒤 엄마는 아들에게 숙제를 하라고 이른다. 미리 해놓으면 나중에 하고 싶은 것을 실컷 할 수 있으니 이렇게 하는 게 좋다면서 말이다.

엄마의 주장에도 일리는 있어 보인다. 좋은 의도에서 그러는 것이기도 하다. 그러나 엄마는 숙제를 하기 전에 잠시 쉬는 시간을 가지고 싶은 칼의 욕구를 이해하지 못한다. 엄마와 칼은 갈등하기 시작하고 이는 오후 내내 두 사람 모두를 지치게 한다.

사실 해결책은 간단한다. 칼의 내면적 리듬이 시키는 대로 따르기만 하면 되는 것이다. 점심을 먹고 바로 숙제를 하기보다는 아무것도 하지 않고 30분 동안 쉬게 해주면 된다. 휴식시간 동안 칼이 좋아하는 음악을 틀어놓는 것도 아이가 정신적 균형을 되찾는 데 도움이 된다. 다만 텔레비전은 켜지 않기로 서로 약속을 해야 한다. 텔레비전은 아이에게 자극적인 인상만 남길 뿐이기 때문이다.

숙제 문제에 관해 부모는 매우 이성적인 사고방식을 가진 것처럼 보인다. 부모는 아이가 자극을 받거나 한눈파는 일을 줄이려 하지만, 근본적인 인간적 욕구를 간과하고 있다. 가령 어떤 부모는 아이가 공부방에 있어야 더 잘 집중할 수 있다고 생각한다. 그러나 자연스러운 활동 욕구가 끊임없이 제지당하는 것만으로도 아이는 충분히 스트레스를 받는다. 이런 상태에서 혼자 있기까지 해야 한다면 아이는 또 다른 스트레스를 견뎌야만 한다.

고립은 오히려 아이의 긴장을 상승시킨다. 식탁 앞에서 숙제하거나 개나 고양이 같은 애완동물이 옆에 있는 것만으로도 상황이 훨씬 나아지는 때도 있다. 우리 집 고양이는 늘 책상 위에 가로로 길게 드러눕는 습관이 있어서 다른 공책이나 책을 놓아둘 자리가 거의 없지만 고양이가 곁에 있으면 집중하기가 한결 쉽다.

예민한 아이의 학습 장애

예민한 아이는 완벽성을 추구하는 성향이 있기에 학습이 한층 어렵다. 스스로에게 성급하게 너무 많은 것을 기대한다. 그러나 아직 배우는 중이라면 어떤 질문에 대한 답이나 학습 결과가 완벽하지 못한 것은 당연하다. 배워가면서 끊임없이 수정해야 하다. 그런데 예민한 특유의 인지 능력으로 무언가가 들어맞지 않았다거나 빠져 있음을 예리하게 간파하고 그 지점에 집중해 정작 자신이 잘해낼 수 있는 것, 이미 달성한 것은 간과하기 쉽다.

안타깝게도 이런 성향은 학교 특성에 의해 한층 강화된다. 학교는 실수를 저지른 학생을 일정 정도 부정적으로 여기며, 이는 성적을 매길 때도 반영된다. 그런데 이런 식의 실수는 하나의 기회로 작용해 가령 어떤 단어의 철자가 틀렸다면 그 기회에 바른 철자를 더욱 잘 기억할 수 있게 한다. 하지만 예민한 학생은 남다른 완벽성을 추구하기 때문에 틀린 문제에 그어진 빨간색 줄만 봐도 금세 스트레스 상태에 빠진다. 그러면 명확한 인지를 할 수 없게 되고 실수를 통해 무언가를 배울 수도 없게 된다.

예민한 학생에게 나타나는 전형적인 학습 장애 양상이 있다. 수업 시간에는 머릿속에 학습 내용이 제대로 들어오지 않고, 쉬는 시간에는 공부 생각을 잊고 마음 편히 놀지도 못하는 것이다. 그러다 보니 에너지를 재충전할 수도 없다.

공부할 때 압박감이 높을수록, 자유시간에 놀 기회를 충분히 누리지 못할수록 학습 능률은 낮아진다. 학습과 휴식 간의 균형이 깨지기 때문이다. 그 원인은 앞서도 설명했듯이 예민한 사람들이 전형적으로 겪는 내적 갈등을 꼽을 수 있다. 완전성을 추구하는 자아와 은신과 안락함을 갈망하며 모든 것을 부담스러워하는 또 다른 자아가 대립하는 것이다. 양자는 해결책을 찾지 못한 채 끊임없이 서로 맞서 싸운다.

말하자면 예민한 학생의 학습 장애는 다른 학생들처럼 학습 동기의 결핍에서 비롯된 것이 아니다. 오히려 높다 못해 때로는 지나치기까지 한 학습 동기에서 시작된다. 과도한 의욕은 아이가 스스로를 얽매 더 이상의 학습이나 능력 발휘를 못하게 하는 장애물로 작용한다. 그러나 표면적으로는 이런 상태가 동기 결핍과 유사해 보인다.

부모와 교사는 이런 상황에서 적극적으로 아이를 도와주려 한다. 그러나 대부분 동기 부여 말고는 마땅한 수단을 알지 못하기 때문에 계속해서 아이를 독려하며 더 많은 압박을 가한다. 부모와 교사의 이런 노력이 그저 헛수고로 돌아가는 정도로만 그치면 괜찮겠지만, 문제는 치명적인 부작용을 초래한다는 사실이다. 아이는 궁지에 몰려 에너지를 차단하게 되는데 이러한 상태를 우울증으로 오해할 가능성이 크다. 오해는 또 다른 오해를 낳고 이를 바로잡는답시고 잘못된 해결방법을 끝도 없이 사용하게 된다. 악순환의 시작인 것이다.

잘못된 상황을 바로잡을 유일한 해결책은 아이에게 가해지는 압박을 줄이는 것뿐이다. 더불어 자유시간의 필요성을 이해하고 존중해야 한다. 일과에 놀이와 자유시간이 반드시 포함되어 있어야 한다. 휴식, 소통, 스포츠, 오락 등도 수학이나 영어와 마찬가지로 배움을 통해서만 습득이 가능하다. 이런 삶의 영역을 능숙하게 즐길 수 있을 때 사람은 학습도, 일도 열심히 할 수 있다. 기본적으로 고된 노동이나 억지스러운 근면보다 이 부분이 직업적·개인적 성공에 더 많이 이바지한다.

예민한 부모와 아이는 많은 부분에서 비슷하다. 부모는 가족의 본질적 특성들이 부정적인 방향으로 발전되지 않도록 노력해야 한다. 예를 들어 완벽성을 추구하는 경향도 마찬가지다. 예민한 사람이 자신에게만 이처럼 엄격한 잣대를 들이대는 것은 아니다. 타인에게도 똑같은데 자녀를 대할 때도 그렇다. 특히 직장 생활을 하면서 원하는 만큼 능력 발휘를 하지 못한 엄마는 자신이 이루지 못한 것을 아이에게 기대한다. 이런 경우 예민한 아이는 스스로의 과도한 기대치를 조절하는 것에 아이가 완벽하기를 바라는 부모의 기대에도 맞서야 하는 과제까지 안게 된다.

다음은 예민한 기질을 지닌 교사 요아힘의 이야기다.

오늘날에야 비로소 당시에 일어났던 일을 이해하게 되었습니다. 저는 무척이나 영민한 소년이었지요. 가끔 다른 아이들이 저를 이해하지 못하는 게 무척이나 괴로웠습니다. 동시에 그들보다 우월해지고 싶었습니다. 사실 저는 모든 점에서 특출난 아이가 되기를 갈망했습니다. 그러나 야심에 젖어 있느라 다른 사람들과의 만남이 끊기고 말았습니다. 하지만 저는 그들에게 소속되고 싶었습니다. 갈등 때문에 제가 학업에 소홀해진 것을 눈치챈 부모님은 제게 어마어마한 기대를 쏟아부으며 저를 압박했습니다. 그러자 저는 도리어 아무것도 할 수 없는 지경에 이르렀습니다. 진도를 따라가는 것만으로도 벅찼지요. 즐거움이라고는 눈곱만큼도 없었고 모든 것이 힘들기만 했습니다.

부모님은 아직도 제가 고작 교사밖에 되지 못했다는 사실을 좀처럼 받아들이지 못합니다. 부모님이 교사라는 단어를 발음할 때면 마치 의사와 교수가 넘쳐나는 지인들 틈에서 껄끄러워하는 것처럼 보입니다.

아이의 학교생활에 개입하는 부모

아이의 교사 역할을 하기에 가장 적합하지 않은 사람은 두말할 필요도 없이 부모다. 아이와 너무 가깝다 보니 객관적으로 보기 어렵기 때문이다. 그런데 요즘 교육체계는 부모를 보조교사쯤으로 간주하는 분위기다. 많은 엄마가 방과 후 숙제 감독관 역할을 하며 아이의 학교생활에 한 발 들여놓고 있다.

부모가 바람직한 조언자가 되어주거나 아이에게 반드시 필요한 감독관 역할을 하는 데 그치지 않고, 아이가 요청하지도 않은 상황에서 학교생활에 개입할 경우 문제는 심각해진다. 특히 예민한 부모는 경계선을 자각하고 존중하는 데 어려움을 겪는 경우가 흔한데, 바로 이 점은 자녀를 대하는 태도에도 커다란 영향력을 미친다.

엄마가 아이의 학습영역을 침해하면 아이는 수동적이 되어 의욕을 잃고 나아가 내적 갈등에 빠진다. 엄마의 압박에 항복하고 엄마의 생각과 지시에 따를 경우 학교에서 내준 숙제는 잘할지언정 그보다 중요한 존재론적인 과제를 소홀히 하게 되기 때문이다. 존재론적 과제란 스스로 독립심과 성숙함을 기르는 것이다. 아이는 스스로를 의존적이고 외부의 지배를 받는 존재로, 여전히 어린아이인 상태로 인식하게 된다. 하지만 엄마의 참견에 맞서고 엄마의 생각대로 복종하지 않는다면 아이는 독립적이고 성숙한 인간으로 발전해나가는 일에 성공을 거두게 된다. 그러나 이 과정에서 학업 성취도와 장래의 생활력, 미래에 대한 준비를 소홀히 하게 된다.

부모와의 갈등에 이리저리 휘둘리다 보면 아이는 삶의 기쁨을 느낄 에너지마저 다 소진시키고 만다. 이런 상황이 극단으로 치달으면 예민한 아이는 학업을 거부하기에 이른다. 이제 성인이 된 아이가 이런 반응을 보인다면 이는 스스로를 구하려는 최후의 시도로 간주해야 한다. 유년기부터 성공만을 좇게 만드는 사회, 경제원칙이 지배하는 사회에서 자신의 삶이 파괴되는 일을 막아보려는 것이다.

갈등이 벌어졌을 때 양보만 하는 것은 현명하지 않은 행동이다. 나아가 이것이 치명적인 결과를 초래할 때도 있다. 그러나 아이보다 더 많은 경험을 한 부모가 먼저 한발 물러나 상황을 정리하고 해결의 실마리를 제시해주어야 한다는 점은 의심할 여지가 없다.

스포츠를 즐기는 아이

예민한 아이는 정적일 수도 있지만 스포츠를 즐기며 특출난 재능까지 갖춘 아이도 있다. 부모가 스포츠를 어떤 태도로 대하는가는 예민한 아이에게 큰 영향력을 미친다. 먼저 스포츠에 대한 부모의 마음가짐을 판단하기 위해 다음 질문을 스스로에게 해보라.

– 몸을 쓰고 힘들여 어떤 일을 하는 것을 좋아하지 않는가?

– 몸을 쓰는 데 서툴고 부상을 당한 경험이 있는가?

– 아이가 세상을 탐색하며 자신의 능력을 시험해보는 것을 기쁜 마음으로 지켜볼 수 있는가?

– 운동을 해야지 하고 생각하면서도 막상 실천하지는 않는가?

– 여유롭게 스포츠를 즐기며, 몸을 움직이는 데 에너지를 쏟는 일이 즐거운가?

– 운동의 목적이 오직 건강 유지와 몸매 가꾸기에만 국한되는가?

– 성과에 지나치게 집착한 나머지 아이가 자유로운 활동을 통해 누릴 기쁨을 빼앗진 않는가?

– 잘한다는 소리를 듣고 유명해지고 싶다는 욕심을 아이에게 자주 드러내는가?

– 규칙이나 목표를 강요하지 않고 아이가 거리낌 없이 뛰어놀 수 있도록 자유롭게 놓아두는가?

운동장에서 흔히 들을 수 있는 거친 어조와 체육 교사의 호루라기 소리, 시합에서의 경쟁과 다툼, 체육 교사나 다른 학생들의 재촉, 시합에서 이긴 사람들의 오만한 태도가 예민한 아이에게는 위협으로 느껴질 수 있다. 예민한 아이는 성취욕구가 높지만 다른 사람보다 우위에 서거나 누군가와 싸워 이기는 데는 관심이 없다. 심지어 예민한 아이의 성향이 지는 역할에 아주 잘 들어맞기 때문에 일부러 승자가 되기를 피할 가능성도 있다.

아이가 별로 활동적이지 않거나 딱히 인기 있지 않다면 팀을 선택하는 일 자체가 이미 부담으로 작용해 활동에 대한 즐거움을 앗아갈 수 있다. 심지어 아이는 체육 시간 자체를 피하게 될지도 모른다. 본인이 아닌 다른 아이가 팀의 꼴찌 자리를 차지할 때도 이런 거부감이 일어날 수 있다. 예민한 아이에게는 그런 식의 평가절하가 마치 자신에게 가해진 것처럼 느껴지기 때문이다.

그러나 어른과 아이를 막론하고 예민한 사람에게 스포츠는 자기 신체와의 소통을 강화시켜주는 좋은 수단이다. 이때 중요한 것은 운동할 때와 자기 신체에 대한 마음가짐이다.

운동 할 때의 마음가짐
▷몸을 움직이는 일을 즐겁게 여기고 자신의 신체를 지각하며 샘솟는 에너지와 생기를 느끼는가?
▷활동을 통해 자기 신체에 집중할 뿐만 아니라 외부의 것도 인지하고자 하는가?
▷몸을 움직이며 끊임없는 사고의 소용돌이에서 벗어나는가?
▷운동하면서도 의무감과 자기 극복에 집착하며 자신을 더 혹사하고 압박하는가?

자기 신체에 대한 마음가짐
▷신체를 통제하고 정복해야 할 대상으로 여기는가?
▷신체를 개인이 지닌 감각중추로서 존중하며 그것이 지닌 고유의 기능을 인지하는가?
▷활동 중에 자기 자신의 신체를 느끼며 스포츠를 하는가?
▷신체를 느끼지 않고 머리로만 스포츠를 하는가?

예민한 아이에게는 어떤 스포츠가 적합할까?

유도나 합기도, 태권도처럼 격투기 종류의 스포츠가 예민한 아이에게는 특히 유익한 영향을 미친다. 이런 무술은 대부분 방어 위주로 이루어지며, 스스로 공격하기보다는 상대의 공격에 맞서는 것을 목적으로 하기 때문이다. 또한 민첩함과 지능, 노련함이 어우러져 공격자의 힘과 우세함을 역으로 공격할 수도 있다.

아이들은 이러한 스포츠를 통해 자신이 가진 에너지를 느끼고 이를 신체에 집중시키고 통제하는 법을 배운다. 스스로 더욱 강해지며 자신과 신체를 받아들일 수 있게 되는 것이다. 더불어 욕구도 더 잘 인지하게 되고 시도해볼 만한 것과 아닌 것을 어림할 수도 있다. 한계를 파악하고 집중력이 좋아지는 것은 물론이다. 나아가 생각의 미로에서 헤매지 않고 행동 중심의 사고방식을 갖게 된다. 결과적으로 높은 자아 가치를 계발하기에 이른다.

예민한 아이는 일반적으로 낯선 것을 꺼리고 시도하려들지 않는데 어떻게 이런 스포츠를 해보도록 권유할 수 있을까? 망설임과 고민을 내려놓는 일이 예민한 아이에게는 커다란 도전과제이므로 부모는 인내심을 갖고 지켜봐야 한다. 도장을 방문해 훈련하는 사람들을 보게 하는 것도 좋은 방법이다. 대개는 그저 한 번 구경하는 데 그치지 않는다. 여유를 가져라. 아이가 시험 삼아 훈련에 참가해볼 준비가 되었다면 이미 커다란 발전을 이룬 셈이다.

예민함은 행동장애와는 다르다

예민한 아이가 내적으로나 외적으로 부담을 받으면 학교에 적응하기도, 학교에서 요구하는 학업 성취도를 따라가기도 힘들어진다. 그러면 학교에서 눈에 띄기 마련이다. 어떤 아이는 외부의 자극을 차단하는 데 실패하고, 또 어떤 아이는 주어진 과제에 집중하지 못하게 된다. 활발하면서 예민한 학생이라면 움직임이고자 하는 충동을 스스로 조절할 수 없어 주위 사람이 기대하는 대로 행동하는 데 문제가 생긴다. 또 다른 경우에는 아이가 정신적으로 소화해야 할 것이 너무 많은 나머지 '인지 차단 장치'를 작동시키기도 한다. 이런 것들이 장애물로 작용해 더는 아무것도 할 수 없게 되는 것이다.

낙인찍혀버린 아이들

복잡한 사회 구조에서 성장하는 아이가 끊임없는 도전과 의문에 부딪친다는 점도 고려해야 한다. 옛것은 이미 효력을 잃었는데 새것은 아직 자리가 잡히지 않고, 개인적 사고방식과 낯선 사고방식이 충돌하는 일도 다반사다. 이렇다 보니 학생들은 일정 정도 끊임없이 위기를 겪으며 살 수밖에 없다. 예민한 학생은 이를 또래에 비해 강렬하면서도 구체적으로 체험하기 때문에 그만큼 고통도 많이 받는다.

예민한 학생은 대개 자신에게 무슨 일이 벌어지고 있는지 알지 못한다. 그저 자신이 처한 상황에 의해 고통받을 뿐이다. 그러면 교사와 부모는 한층 더 아이에게 주의를 기울이는데, 이는 대개 아이의 행복과 만족, 개인적 발전을 바라는 마음에서라기보다 아이의 학업 성취도가 갑작스럽게, 혹은 서서히 떨어지는 데 대한 우려에서 비롯된다.

이런 어린이 또는 청소년이 예민하지 않다고 판단하는 어른들도 있다. 이는 무지 때문이거나 아이가 지금까지 예민함을 잘 감추어왔기 때문일 수 있다. 혹은 예민한 기질이 그저 부정되어온 것인지도 모른다. 이런 경우 아이의 문제가 뇌 구조학적 장애에서 발생되었다는 오진이 내려질 위험이 있다. 이때 예민한 아이는 흔히 자폐 스펙트럼 장애(Autism spectrum disorder, ASD)나 주의력 결핍 과잉행동장애(Attention Deficit Hyperactivity Disorder, ADHD) 진단을 받는다. 조용한 성격의 아이에게는 주의력 결핍 장애라는 낙인이 찍히고, 기운이 넘치고 활동적인 아이에게는 과다행동장애라는 낙인까지 더해진다.

실제로 이런 뇌 구조상의 장애를 겪는 사람들도 물론 있다. 이들은 적절한 약 처방을 통해 치료 효과를 볼 수 있다. 그런데 이런 진단이 내려지는 일이 너무 잦다는 게 문제다. 무지로 인해 이를 예민한 아이에게 덮어씌우는 경우가 많다는 것이다. 오진으로 인해 아이가 강력한 약을 수년에 걸쳐 처방받을 수도 있으므로 결코 가볍게 여길 문제가 아니다. 더구나 이런 약이 장기적으로 어떤 부작용을 일으키는지는 아직 충분히 검증되지 않았다.

물론 예민한 아이가 동시에 자폐 스펙트럼 장애라든지 다른 문제를 지녔을 수도 있다. 다만 이런 장애 진단이 내려지는 비율이 계속 증가하는 이유는 설명할 길이 없다. 마치 유치원이나 학교에서 유행하는 전염병처럼 보일 정도다. 이런 분위기에 맞추어 뇌 구조에 영향을 미치는 약물 복용도 폭발적으로 증가하는 추세다. 자폐 스펙트럼 장애, 주의력 결핍 과잉행동장애라는 오진의 일차적 희생자는 예민한 아이들이다. 이들은 외부로부터 받는 인상에 남달리 영향을 받거나 산만해지기쉽다. 또한 현재 관심 있는 대상에 오랫동안 심취해 있느라 수업 내용에 집중하지 못하는 경우도 많다.

현대문물의 희생양

예민한 기질에 관해서는 알려진 바도 많지 않을뿐더러 이를 연구해야할 학자들도 지금껏 이 문제를 무시해왔다. 그 결과 예민한 기질은 아직도 의사나 심리학자, 교사, 보육교사 양성을 위한 교과과정에 전혀 반영되지 못하고 있다.

학자들에게는 예민한 사람이 존재한다는 사실을 인정하는 것은물론, 예민함이라는 현상을 다루는 일도 어렵게 느껴질 수밖에 없다. 그로써 이들의 학문적 관점이나 연구 방법, 연구 결과 중 다수에 문제가제기될 수 있기 때문이다. 지금까지는 예민한 사람과 별로 그렇지 않은사람 간에 구별이 이루어지지 않았고, 기존의 실험들은 언제나 모든 실험 대상과의 동일성과 교류 가능성에만 기반을 두고 있었다. 예를 들어약물의 임상시험만 봐도 그렇다. 예민한 사람은 이런 임상시험에 참여하지 않을 가능성이 크다. 이들은 실험에서 제외되고, 이들에게서 명확히 나타나곤 하는 예외적인 약물반응도 실험 결과에서 제외된다.

심리치료사나 의사가 앞서 언급한 문제점들을 지닌 예민한 학생을 담당할 경우, 그는 아이의 기질에 관해서는 알지 못한 채 자신이 익히 아는 해법으로만 접근한다. 그 뒤에는 치료자가 이미 알고 있는 병명 중 하나를 찾아 선고할 가능성이 농후하다.

그러고 나면 다소 혼란스러운 상황이 벌어진다. 일반적으로 요통을 앓는 사람에게는 예외적으로 진통제가 필요한 경우를 제외하고는 약이 아닌 물리치료, 요통 치료, 마사지 등이 처방된다. 그런데 의사에게 자폐증 스펙트럼 장애나 주의력 결핍 과잉행동장애 진단을 받은 아이에게는 집중력 훈련을 통해 주의력을 능동적으로 조절하는 법을 배우도록 유도하는 게 아니라 단지 정신과 약만을 처방한다.

요통의 경우 근육을 단련하고 자세를 교정해 장기적인 효과를 볼 수 있다. 그런데 인지나 학습, 사고에 문제가 있을 때는 이상하게도 뇌보다 유연한 신체기관은 없다는 사실이 간과된다. 뇌는 끊임없이 변화하는데 말이다. 세포와 시냅스, 즉 세포들 사이의 연결망은 소멸하였다가 새로 형성되기를 반복한다. 활용과 단련은 근육보다는 뇌에 더 적합한 단어가 아닐까? 우리가 뇌를 사용하는 방식, 뇌를 대하는 태도는 일정 정도 뇌를 창조하고 형성하는 데 이바지한다.

우리 삶의 방식은 직접 경험과 몸으로 체험하는 것에서 점점 멀어지고 있다. 게다가 증가하는 미디어 사용에 우리의 뇌가 맞추어지고 있다. 미디어 역시 '더 높이, 더 빨리, 더 멀리'라는 표어에 맞추어 발전하고 있는데 텔레비전 화면에 나타나는 영상이 빠른 속도로 바뀌는 동안 우리의 뇌도 이에 반응하며 그것으로부터 학습한다.

참고로 뇌는 자연스러운 환경에서 인간 존재의 안전을 확보하기 위해 자율적으로 자극을 찾도록 만들어졌다. 이 능력은 우리가 발전을 거듭하는 동안에도 없어지지 않았다. 모순적으로 들리겠지만, 오늘날과 같은 자극의 홍수 시대조차 인간의 감각이 끊임없이 더 많은 자극을 찾아 나서는 것도 그 때문이다. 텔레비전과 여타 미디어에서처럼 하나의 자극이 다른 자극을 대체하지 못하면, 혹은 하나의 유혹이 다른 유혹을 대체하지 못하면 뇌는 나름의 상상 또는 새로운 자극을 찾아 스스로 다른 곳으로 주의를 돌린다.

집중력 결핍은 특히 무분별하고 과도한 미디어 사용으로 인해 잘못된 인지방식을 학습함으로써 야기되는 경우가 많다. 이는 모든 아이들에게 다 마찬가지다. 그러나 이러한 습관도 의식적인 인지와 집중력 학습을 통해 고칠 수 있다.

우리 사회는 뇌 구조상의 장애가 집단에 퍼져 있다는 관념에 사로잡혀 있다. 그리고 항정신병 약물 처방을 통해 이를 치료하려 든다. 안이하기 짝이 없는 태도다. 이는 현대문물의 제물이 된 아이들을 또 한차례 희생양으로 전락시킨다. 그렇지 않아도 환경에 순응하려는 경향이 있는 예민한 아이는 처방된 약물을 복용함으로써 한층 더 고분고분 반응한다. 나아가 아이는 자신의 성격과 재능 중 가치 있는 측면을 상실하고 만다. 인지능력 상실과 더불어 아이의 직관력과 비판적인 잠재력도 감소한다. 차별적이고 대안적인 사고력과 더욱 다양한 입장과 관점을 고려할 줄 아는 능력 또한 줄어든다. 그렇게 아이의 창의성은 맥을 잃는 것이다.

그 밖에도 아이가 잃는 게 또 있다. 무언가를 깨닫고, 의식적인 사고를 하며, 주관적으로 행동하고, 기존의 습관을 버림으로써 문제를 해결해나가는 능력을 상실한다. 아이의 내면을 이렇게 변화시키는 것은 바로 생각 없이 삼키는 약물이다. 언젠가는 아이가 심신을 편안하게 할 목적으로 자발적으로 약에 손을 댈 수도 있다. 자신을 의식하고 문제를 해결하며 스스로를 발전시키려고 시도하는 대신 말이다.

행동장애와 예민한 기질을 구별하자

여러분의 아이에게 자폐 스펙트럼 장애 및 주의력 결핍 과잉행동장애 진단이 내려지면 다음과 같이 역질문을 해보는 것이 매우 중요하다.

- 주의력 장애가 제한적으로 나타나는가, 아니면 보편적인 현상인가?
- 다양한 삶의 영역에서 아이가 주의력, 집중력 장애를 전혀 겪지 않는 영역이 있는가?

그렇다면 이는 아이가 자폐 스펙트럼 장애나 주의력 결핍 과잉행동장애 같은 뇌 구조 관련 장애를 겪는 게 아니라는 명백한 증거다.

주의력 문제가 특정 영역 또는 특정 과목에만 국한되어 나타나면 다양한 원인을 고려해볼 수 있다. 예를 들어 예민한 아이에게 전형적으로 나타나는 자기 혹사가 체념으로 바뀐 상태인지도 모른다. 예민한 아이가 스스로에게 지나친 압박을 가하면 아이를 약화시키다 못해 더는 버틸 수 없게 만들 가능성이 많다. 내외적인 압박이 계속 쌓이다 보면 부담을 감당할 수 없게 되는 것은 시간문제다.

예민한 청소년이 몇 년 동안 쌓여온 부모와의 갈등, 교사나 급우들에 대한 실망, 멸시나 부당한 대우를 받은 경험 등으로 인해 문제가 급속히 악화되는 일이 종종 있다. 이쯤 되면 아이 혼자서는 문제를 해결할 수 없으므로 개인 상담을 통해 도울 방법을 모색해야 한다.

주의력 장애가 특별한 영역에 제한되어 나타나는 것은 뇌 구조상의 문제가 아님을 보여준다. 다른 상황에서는 뇌가 제 기능을 하고 집중력에도 문제가 없으니까 말이다. 따라서 문제가 발생하는 영역에 초점을 맞추어 해결책을 찾아야 한다. 한 아동이 겪는 문제의 원인을 뇌 자체가 아닌 해당 문제와 관련된 영역에서 찾아야 한다는 사실은 논리적인 추론의 결과다. 그런데 놀랍게도 자폐 스펙트럼 장애나 주의력 결핍 과잉행동장애 신봉자들은 이런 추론조차도 자신의 이론을 뒷받침해주는 증거로 해석한다. 그 문제가 바로 다른 무엇도 아닌 자폐 스펙트럼 장애나 주의력 결핍 과잉행동장애라는 것이다.

예민한 아이의 부모는 개척자가 되어야 한다

오진에 맞서 아이를 보호하려면 부모는 큰 용기를 내야 한다. 예민한 기질에 관해 들어본 적조차 없는 경우가 대부분인 교사, 보육교사, 의사들의 오만함에 맞서야 하기 때문이다. 이들은 대학 교과 과정에 나오지 않는 것, 학문적 승인을 받지 않은 것은 근거 없는 것으로 치부하기 일쑤다.

부모들은 때로 개척자 역할을 해야 한다. 예민한 기질에 관해 널리 알리고 이 주제를 한 번이라도 다루어보도록 전문가들에게 동기를 부여하려면 말이다. 이때 선교하는 말투나 독단적인 태도를 버리고 여유로움을 유지하는 일이 쉽지만은 않다. 그러나 여유로운 태도를 유지하는 것은 무엇보다 중요하다. 지나친 열의는 실패로 이어지고 상대편에게 공격할 여지를 줄 수 있기 때문이다. 여러분의 자녀와 관련된 문제임을 명심하고 명확한 태도를 잃지 마라!

집단 따돌림과 괴롭힘을 당하는 아이들

예민한 아이는 대다수 아이들과는 다르게 반응하며, 상황에 따라서는 이로 인해 눈에 띄기 쉽다. 언어적으로든 신체적으로든 공격당할 여지가 많기에 유치원이나 초등학교에서도 이미 괴롭힘과 따돌림 현상이 종종 목격된다. 그 강도 역시 '너랑 안 놀아!'에서부터 기피와 고립의 단계를 거쳐 정신적·신체적 공격에 이르기까지 매우 다양하게 나타난다.

이 모든 사태의 원인은 다수의 아이가 못됐기 때문이 아니라 인간의 내면에 행동표본이 존재하기 때문이다. 따돌림과 괴롭힘은 통상적으로 학급과 같이 대체로 큰 집단에서만 발생한다. 학생이 단 둘뿐일 경우 한 사람이 다른 한 명에게 관용을 베풀 가능성이 더 크다. 집단적인 괴롭힘이 일어나는 데는 집단 내에서 세력을 가진 인물의 영향력이 큰 역할을 한다.

집단 따돌림과 괴롭힘 경험은 인류 초기 역사의 산물이기도 한 근원적인 두려움을 일깨운다. 당시에는 무리로부터 추방당하면 아무도 오래 생존할 수 없었다. 반복적으로 따돌림을 당한 예민한 아이는 다른 아이들을 대할 때마다 지레 불안과 두려움을 느끼게 된다. 이때 아이는 자신이 두려워하는 상황이 벌어질 경우를 미리 상상해 스스로를 약하게 만든다. 두려워하는 일이 벌써 일어난 것처럼 행동하고 그에 상응하는 반응까지 보인다. 희생양 특유의 겁먹은 듯한 행동거지는 다른 아이들의 눈에 한층 더 이상하게 비치고, 아이들은 이를 또다시 놀림감으로 삼게 된다.

희생양 역할을 떠맡는 사람은 자신도 모르는 사이에 상대방이 범죄자 역할을 하도록 만든다. 이미 약해져 있거나 궁지에 몰림으로써 외부 공격을 유도하게 된다. 말하자면 예민한 아이는 자신이 두려워하는 일이 발생하는 데 스스로 이바지하는 셈이다. 아이가 다른 이유로 이미 어려움을 겪고 있다면 이 문제가 한층 큰 피해를 입힐 수 있다. 가령 복잡한 가족관계에 적응하려 애쓰는 아이는 가정에서 안정과 명확성과 지지를 경험한 아이들보다 따돌림의 악영향에 노출될 가능성이 더 높다.

아이가 따돌림당할 때 부모의 역할

따돌림에 관한 문제는 부모가 직접 간섭할 수 없는 경우가 대부분이다.

아이들 문제에 어떤 식으로든 참견했다가는 아이의 입장이 더 난처해질 수 있기 때문이다. 부모가 주의를 시킨 뒤 미처 돌아서기도 전에 아이는 한층 더 강도 높고 대담한 공격에 노출될 수 있다. 아이들 사이에는 불문율이 존재한다. 무리의 내부에서 일어나는 문제는 자신들끼리 해결하거나, 교사와 보육교사처럼 중재에 적합하고 권위를 인정받은 제삼자의 도움을 받아야 한다는 것이다. 부모는 애초부터 편파적인 인물일 수밖에 없기 때문이다.

여러분이 실제로 아이에게 도움이 될 만큼 의연한 태도를 유지할 수 있는지도 여기서 증명된다. 부모는 아이와 똑같이 괴로워하기보다는 공감해주어야 한다.

집 밖에서 어려움을 겪는 아이는 다른 아이들에게 맞서야 하는 동시에 자신의 상황에 관해 부모와 대화를 나누지도 못하는 경우가 많다. 부모의 반응이 상황을 악화시킬 거라는 게 불 보듯 뻔하기 때문이다. 자칫하면 부모의 간섭에까지 맞서야 하는 사태가 발생하고, 아이는 한층 더 어려워진 상황에 처할 수밖에 없다. 이때 부모가 할 수 있는 옳은 대처는 단 하나, 아이의 담임교사 또는 보육교사에게 연락을 취하는 것뿐이다. 반드시, 그리고 최대한 빨리 이들과 접촉해야 한다는 사실을 명심하라!

교사와 보육교사는 따돌림과 괴롭힘의 기미가 감지되면 가능한 한 일찍 개입해야 한다. 이들에게는 특정 아이를 따돌리고 경멸하도록 급우들을 선동하는 학생들을 막을 의무가 있다. 확실히 선을 그어야 한다. 잠깐이라도 주저하면 따돌림의 목표가 된 아이는 그만큼 더 큰 해를 입는다. 교사가 확고한 태도로 나서면 따돌림당하던 아이는 자신이 혼자가 아니라는 확신을 품고 힘을 얻는다. 상황이 마무리되는 데는 대개 이 정도만으로도 충분하다.

교사는 학급 전체를 상대로 문제를 드러내기보다 뚜렷한 목적을 정하고 개별상담을 하는 편이 좋다. 반에서 영향력을 발휘하는 학생부터 시작하자. 특정 행동방식이나 반응방식은 개별적이 아닌 집단으로 이루어지는 경우가 훨씬 많다. 한 집단에 소속된 사람은 빠른 속도로 서로에게 동화되며 개인적인 책임감 역시 느끼지 못한다. 이곳에는 항상 서열이 존재한다. 따돌림과 괴롭힘이 발생하는 경우는 정해져 있다. 어떤 구성원의 지위와 내적인 권위 그리고 권한이 서로 맞아떨어지지 않을 때, 그가 성격적으로 지나치게 약하거나 준비되어 있지 않은 상태일 때, 혹은 그가 자신의 위치를 받아들이고 역할을 수행할 능력이 없을 때 그렇다.

권위주의적 양육방식의 악순환

어른이 자신에게 부여된 지위를 받아들이지 않으면 이 빈자리는 원기 왕성하고 자기 의견을 관철하는 데 뛰어난 아이가 차지할 수도 있다. 물론 이런 아이가 공백을 의미 있는 내용으로 채울 능력을 가진 것은 아니다. 이 아이는 한층 더 오만한 태도를 보이며 얌전한 아이들 위에 군림한다. 극단적인 경우 독재자처럼 다른 아이들을 통제하고, 특히 예민한 아이들을 변두리로 몰아내거나 아예 변두리 바깥으로 쫓아내기도 한다.

어른들에게는 관대한 양육 태도를 유지하기 어렵게 만드는 특정 상황이 몇몇 있다. 관대한 양육방식을 유지하는 게 어른에게는 끊임없는 자기 혹사일 수 있는데 이들이 기울이는 온갖 이상주의적인 노력은 실망으로 끝나기 쉽다. 그러면 이들은 별안간 권위적으로 돌변하여 언성을 높이거나 아이를 부당하게 대우한다. 절대 그렇게 하지 않겠다고 다짐했음에도 이런 태도가 도를 넘을 때도 많다. 그러고는 스스로 충격에 빠져 이전보다 더 관대하게 아이를 대하며 더 많은 자유공간을 부여해준다. 그러면 경계선을 찾던 아이가 다시금 너무 멀리 나가는 일이 벌어진다. 아이는 그저 경계선이 어디인지 알고 싶었을 뿐인데, 권위주의를 멀리하던 부모는 또다시 권위적으로 돌변해 심하다 싶을 만큼 언성을 높인다. 이렇게 악순환은 계속되는 것이다.

이런 딜레마에 빠지면 옛 방식의 신봉자들은 다시금 힘을 얻는다. '천방지축 광대놀음은 이제 그만!'이라는 구호를 내세워 옛 권위주의적 양육방식으로 회귀하려 든다. 그런데 우리 사회에서 광대놀음 같은 것은 오히려 찾아보기가 어려워졌다. 도리어 현대인에게는 즐거움과 기쁨, 심지어는 광대놀음 같은 재미가 절실하게 필요한 상황이다.

압박감이 줄고 즐거움이 더해진다면 학습 성취도도 훨씬 높아질 것이다. 고루한 사고방식에 젖은 사람들은 아이에게 더 많은 것을 강요해야 한다는 생각을 고수하면서도 건설적인 해결책은 전혀 제시하지 못한다. 창의적이고 미래지향적인 제안은 말할 것도 없다. 이들은 교육

체제 전체를 오로지 경제적 유용성을 확대시키는 목적에만 끼워 맞추려 한다. 예민한 아이가 이들의 손에서 어떻게 될 것인가는 불 보듯 뻔하다. 아이의 개성은 파괴될 것이며, 사회가 더욱 정의롭고 평등하며 친환경적인 방향으로 발전하는 데 이바지할 수 있는 비판적·창의적인 사고는 억압당할 것이다.

예민한 아이에게 이상적인 양육방식

예민한 학생은 양육방식만 진지하게 받아들이는 게 아니라 부모와 교사들을 길잡이로 삼기도 한다. 이 어른들이 강하고 확고하며 애정 어린 태도를 충분히 보여줄 때, 아이의 본질을 파악하고 이를 바탕으로 아이들에게 방향과 경계선을 제시해줄 때, 예민한 아이는 자신을 발전시킬 수 있다.

신중한 방향 설정과 명확한 언어적 지침이 없을 경우 아이의 장점은 단점으로 바뀔 가능성이 높다. 이때 아이는 계선을 넘어 지나치게 멀리 나아가 자신을 혹사시키기도 한다. 그러다 지치면 또 지나치게 위축되어 잠재력을 발휘하지 못하게 된다. 나아가 자기 앞에 놓인 모든 가능성 사이에서 아무것도 선택하지 못하고 이리저리 흔들리거나 다른 곳으로 주의를 빼앗기다 혼란에 빠진다.

예민한 아이는 스스로 책임질 수 있는 한도 내에서 자신의 영역을 서서히 확장해 나아갈 때 비로소 자신에게 부여된 자유도 유익하게 활용할 수 있다.

교사들의 이상주의와 번아웃 사이의 딜레마

많은 예민한 사람이 교사 또는 보육교사라는 직업을 매력적으로 생각한다. 이 직업을 선택하는 주요 동기 중 하나는 업무가 유치원이나 학교라는 지극히 익숙한 공간에서 이루어지기 때문이다. 대기업 같은 곳에 비해 위계질서와 경쟁, 경제적 이용가치를 추구하는 관념이 덜 지배적이기도 하다. 이상주의를 펼칠 여지도 충분하다. 교육 과정에서 쓰디쓴 경험을 맛보았기 때문에 이들은 그러한 상황을 개선시키고자 하는 의욕이 넘친다. 예민한 교사는 아이들에 대한 이해가 뛰어나며, 아이가 말하지 않아도 가정에서 겪는 어려움과 개인적 상황까지 간파하는 경우가 많다. 또한 학생이 받아들여지고 이해받는다는 느낌을 갖도록 한 명한 명 세심히 보살핀다.

아이들 특유의 활력은 교사에게 하나의 도전이다. 한 학급을 구성하는 아이들은 저마다 자신의 존재를 알리고 싶어 하고 남에게 인정받고 상대방의 반응을 얻고자 하는 소망을 품고 있다. 활동하고 싶은 자연스러운 충동은 모든 아이에게 나타나는 공통적인 현상이다. 그저 대부분 조용히 앉아 있으려 노력하는 것뿐이다. 아이들은 나름의 감정과 기분, 생각을 지닌 존재들로 저마다 이를 표출하고 싶어 한다. 교사에게는 이 모든 것을 받아들이고 조절하는 동시에 자신의 학습계획과 방향 역시 일정하게 유지해야 할 의무가 있다. 방향은 그가 담당한 학급의 개별적인 학생들뿐 아니라 모든 학생에게 적합해야 한다.

교사나 보육교사가 강하고 여유로운 태도를 유지하면 중심을 잃지 않고 명확히 선을 그을 수 있다. 또한 콘서트의 지휘자처럼 노련하게 아이들을 다룰 수 있다. 이때는 모든 아이가 대체로 순조로운 학교생활을 할 수 있으며 여유로운 학습 분위기가 조성된다. 그러나 지나친 부담을 받게 되면 교사는 급속히 방어적인 태도를 보인다. 특히 예민한 교사에게는 이런 시점이 다른 교사들에 비해 일찍 찾아온다.

이때 그는 소용돌이에 휩싸인다. 이 때문에 아이들에게는 더 많은 자유가 주어지고, 아이들은 이를 이용해 각자의 경계선을 확장하려 든다. 그러면 교사는 한층 더 힘을 잃고 더 많은 권한을 포기한다. 그리고 이 공백은 또다시 아이들의 손에 넘어간다. 특히 힘이 넘치고 덜 예민한 아이가 빈자리를 차지한 뒤 그 정당성을 인정받으려 한다. 중심이 덜 잡혀 있고 선을 긋는 데 서툰 아이들은 흔히 힘센 아이들이 지배권을 잡는 데 이용된다. 예컨대 모든 일에서 차별적인 반응을 보이는 예민한 아이들은 희생양이 되기 쉽다. 예민한 아이들은 한편으로는 영악한 급우들을 보고 감탄하며 그들에게 끌리지만, 다른 한편으로는 변두리로 밀려난 교사의 편에 서고 싶어 한다.

교사는 대개 엄격한 태도를 보이거나 언성을 높이거나 여타의 권력수단을 활용해 이런 상황을 무마하고 학급 내에서 자신의 권위를 되찾으려 애쓴다. 이것이 효과를 발휘할 때도 많다. 그러나 예민한 교사에게 이런 시도는 사태가 나쁜 방향으로 한 단계 발전하는 것을 의미한다. 그는 이 일이 대다수 학생에게 어떤 영향을 미치는지 감지한다. 예를 들어 예민한 아이들은 교사가 들어서기만 해도 겁을 먹는다. 아이들에게 전혀 겁을 줄 의도가 없었음에도 말이다.

이런 근무환경은 교사 자신에게도 편안하게 느껴지지 않는다. 더 큰 문제는 이쯤 되면 교사가 스스로를 거부하기 시작한다는 점이다. 관대하고 선량한 교육자가 되고자 했던 굳은 신념에 반하는 행동을 했기 때문이다.

이런 딜레마는 엄청난 에너지 소모를 일으킨다. 상황이 악화되면 교사는 방과 후에도 내적인 갈등에 시달리느라 휴식을 취하지도, 긴장을 풀지도 못한다. 심지어 방학 동안에도 이런 상황에서 벗어나지 못한다. 이 교사에게 여가란 내적 갈등이 더욱 심화되는 시기일 뿐이다. 그래서 능동적인 휴식과 새로운 에너지 생산도 거의 불가능해진다. 방학이 끝나면 교사는 한층 더 기진맥진한 상태로 수업을 진행하고, 이는 언젠가 정신적 · 신체적 증상으로 가시화된다. 휴가를 내봤자 잠깐 부담에서 벗어나는 정도기 때문에 결국 교사는 번 아웃 상태에 빠진다. 심지어 이런 이유로 조기 은퇴를 선택하는 교사들도 있다.

경계선 협상 회담

숙제를 둘러싸고 매일 오후 벌어지는 갈등은 오랜 시간에 걸쳐 고착되어온 현상이다. 일종의 게임과도 같은 이 싸움에서 늘 고정된 역할을 맡는 주인공들이 있는데, 이들이 제 역할에서 벗어나기란 무척이나 어렵다. 한쪽은 몰아대고 한쪽은 저항하는 데 몰두하다 보니 양 진영 모두 상대방과의 관계를 개선할 작은 기회를 포착할 만한 여유조차 없다.

이런 상황에서는 양쪽이 한 자리에 모여앉아 명확한 타협을 끌어내는 일이 필수적이다. 이것이 바로 〈경계선 협상 회담〉이다. 아이는 얼마나 많은 규칙을 스스로 정할 수 있는가? 아이와 부모가 각각 지켜야 할 규칙에는 어떤 것들이 있는가? 이처럼 각자의 영역과 경계선을 협의할 때 〈산에 오르기〉와 〈아이만의 정원 만들어주기〉 같은 경계선 설정법은 매우 유용하다.

소란이 주는 즐거움

아이가 체육 선생님의 호루라기 소리에 스트레스 반응을 보여 결정적인 순간 날아오는 공을 받지 못하는 일이 생긴다면 나중에 호루라기가 울릴 때 큰 소리로 휘파람을 불게 해보라. 집에서보다는 경기가 끝난 뒤 운동장에서 해보는 게 좋다. 이후 아이는 호루라기 소리를 위협으로 받아들이지 않게 되고, 심지어는 즐거움을 주는 익숙한 소리로 느끼게 될지도 모른다.

리우 카니발의 삼바 음악이 든 CD를 활용해보는 것도 좋다. 이 음악에서는 리듬이 바뀔 때마다 높은 호루라기 소리로 신호를 준다. 한 번쯤 아이 스스로 고함을 질러보게 하는 것도 좋은 방법일 수 있다. 아이가 도저히 못 하겠다고 하면 다른 아이들과 뒤섞여 시끄럽게 구르고 뛰며 노는 상상을 해보게 하라. 그러면 다른 아이들의 즐거움을 더불어 느끼며 그들의 생기에 동화될지도 모른다. 즉흥적으로 상황극을 연출해 아이에게 소리를 질러보게 하는 방법도 있다. 이때 아이가 넘치는 활기와 소란이 주는 즐거움을 느끼는 것이 중요하다.

몸으로 소리 듣기

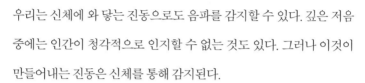

우리는 신체에 와 닿는 진동으로도 음파를 감지할 수 있다. 깊은 저음 중에는 인간이 청각적으로 인지할 수 없는 것도 있다. 그러나 이것이 만들어내는 진동은 신체를 통해 감지된다.

　가수 헤르베르트 그뢰네마이어Herbert Grönemeyer의 노래 중에 〈시끄러운 음악만 좋아하는 그녀〉라는 곡이 있다. 몸으로 음악을 듣는 청각장애인 소녀에 관한 노래다. 여러분도 한번 몸으로 소리를 들어보라. 우선 담요 한 장을 바닥에 깔아야 하는데 나무로 된 바닥이라면 더 좋다. 나무 바닥은 콘크리트보다 음파를 더 잘 전달하기 때문이다. 이제 음악을 틀어놓고 음을 베이스 톤으로 설정하라. 크게 틀어놓을 필요도 없다. 다만 평소처럼 귀를 기울이지 말고 온몸, 특히 복부에 주의를 집중시킨 채 진동을 느껴보라. 계속 연습하다 보면 서거나 앉은 채로도 진동을 느낄 수 있게 된다. 심지어는 진동을 섬세한 경락마사지처럼 즐기게 될지도 모른다.

　이제 무언가가 너무 시끄럽다고 느껴지면 귀에서 복부로 소리를 느껴보라. 섬세하게 진동으로 느끼는 소음이라면 여러분은 좀 더 여유롭고 생기를 돋우는 소리로 받아들이고 즐기게 될 것이다.

10장

아이도 어른도
될 수 없는
예민한 사람들

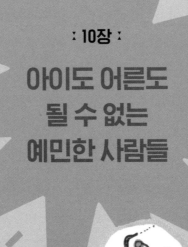

너무 높은 기대치에 미리 절망하는 아이

예민한 아이는 한편에서는 완벽함을 추구하는가 하면, 다른 한편에서는 그 완벽함을 달성할 수 없도록 갈등을 일으킨다. 이러한 갈등은 아이에서 어른이 되어가는 과도기에 특히 고통스럽게 느껴진다. 어른이 된다는 것은 결국 자신의 힘으로 살아가고, 자신이 한 일에 책임을 지며, 자기 인생을 스스로 꾸려나가는 것을 의미한다. 또한 자신의 존재가치를 증명하고 야망을 이루어나가는 것이기도 하다. 그런데 예민한 청소년은 작은 성과나 부분적 성공에 만족하지 못한다. 특히 과잉보호를 받고 자라 자발적으로 무언가를 해볼 기회를 빼앗긴 아이는 향후 직장생활이나 삶을 살아가는 데 대처할 준비가 되어 있지 않다.

삶과 마주하는 일은 보통 기존에 가졌던 사고방식을 변화시키고 새롭고 능동적인 적응력을 길러주며, 때로는 관점의 변화까지 불러온다. 그런데 간혹 여기에 거부반응을 보이는 사람이 있다. 이런 사람은 현재 그대로의 삶과 자신의 한계를 받아들이는 대신 한층 더 이상적인 관념에만 사로잡힌다.

예민한 사람들은 자신을 둘러싼 내적 갈등에서 벗어나기 위해 기존에 품고 있던 과도한 기대를 다른 상대에게 돌린다. 부모, 교사, 상사, 각 상황에서의 상대방, 사회, 나아가 세상 전체가 그 대상이 될 수도 있다. 그러나 누구도, 또 무엇도 이들에게는 마땅치 않다. 예민한 청소년 중 일부는 다른 사람에게 관심을 가짐으로써 부담에서 벗어나려 든다.

이들은 겉으로는 남들보다 우월해 보이지만 알고 보면 스스로 품고 있는 높은 기대치 때문에 자신의 부족한 부분을 은폐하고 있는 것뿐이다. 더불어 이들은 누구에게도, 또 그 무엇에도 만족하지 못하며 그래서 아무에게도 애정을 품지 못한다.

이들의 이런 심리를 꿰뚫어보지 못하고 그에 휘둘리는 부모들도 많다. 이런 부모는 자녀에게 동조하며 비위를 맞추려 애쓰거나, 자녀의 기대치를 낮추고자 현실적인 기준을 제시하기도 한다. 그러나 자녀의 기대치는 오히려 상승한다.

예민한 사람은 세상에서 벌어지는 온갖 나쁜 일들을 인지하고 이를 개선시키려는 기회를 제공하기도 한다. 이 귀한 재능은 우리 사회에 커다란 기여를 할 수도 있다. 다만 부모는 자녀의 기대치가 실현 가능한지, 자신이 어떤 도움을 줄 수 있으며 그것을 실현시키는 첫걸음은 무엇인지 적기에, 정기적으로 고민해보아야 한다. 더불어 자녀가 실제 달성한 것을 높이 평가해주어야 한다. 그러면 부모는 아동기와 청소년기의 예민한 자녀를 도울 수 있다. 더불어 예민한 아이 특유의 감각을 파악할 수 있으며, 예민한 아이들에게 다소 부족한 현실감각 또한 길러줄 수 있다. 이랬을 때 아이는 자신의 관념 속에서 이 두 가지를 조화시키게 된다.

예민한 청소년의 진로 선택

직장생활을 시작하거나 대학에 입학하는 일은 다른 보통 청년들과 마찬가지로 예민한 사람들에게도 커다란 도전이자 기회다. 특히 예민한 이들은 이러한 전환기를 완전히 새로운 삶 속으로 뛰어드는 것으로 이해하는 경우가 많다. 개중에는 이를 계기로 내면에 꽁꽁 숨기고 있던 것을 표출하려는 사람도 있다. 물론 지나치게 보호받고 살아온 이들은 여전히 머뭇거리기도 한다.

학교와 가정에서는 대다수 학생들이 장래 직업을 준비하도록 가르칠 뿐이다. 이후 생계를 이어가는 데 필수적인 다른 자질은 아이 스스로 계발할 수밖에 없다. 그런데 이 책의 서두에서 설명했듯이 자신을 주위에 맞춰가며 살아온 사람일수록, 그리고 중심이 제대로 잡혀 있지 않은 사람일수록 다른 이들의 의견과 입장, 정보, 가능성에 더 많은 영향을 받고 혼란에 빠질 위험이 크다. 설령 이 모든 것에 영향을 받지 않는다 해도 진로 선택은 그리 쉬운 문제가 아니다.

예민한 사람은 특유의 열린 태도 덕분에 다양한 분야에 관심을 가지며 다방면에 재능을 보이기도 한다. 하지만 예민한 기질을 직업 선택을 하는 데 있어 유일한 판단 기준 또는 출발점으로 삼는 것은 좋지 않다. 예민한 기질은 오로지 다른 재능과 능력, 자질과 결합하였을 때만 직장생활에서 장점으로 작용할 수 있다. 중심이 잡혀 있지 않고 자기 능력을 어림하는 데 확신이 없는 예민한 기질은 흔히 이상주의적 색채를

띠는 완벽성 추구 성향과 결합하여 직업을 선택하는 데 오히려 장애물로 작용한다. 어떤 사람은 지나치게 목표를 높게 설정하는가 하면, 또 어떤 사람은 자신감이 결여되어 자신의 가능성에 한참 못 미치는 지점에서 주저앉고 만다. 이럴 때는 흔히 진로를 수정해야 된다. 직업 선택을 궁극적 목표로 간주하지 않아야 첫 결정이 쉬워진다.

예민한 사람에게 특히 어떤 직업이 적합한지 묻는 사람들이 많다. 그러나 예민한 기질을 지닌 모든 사람에게 공통으로 적용되는 답은 없다. 인간 공동체에 어떤 식으로든 이바지하는 모든 직업에는 나름 의미가 있다. 그리고 보편적으로 추천할 만한 직업은 절대 존재하지 않는다. 예민한 기질 외에 자신이 가진 다른 재능, 기질, 호감도, 관심사가 기준이 되어야 한다. 더불어 기존에 습득한 지식도 중요하다. 직장생활을 하는 데 중요한 기반이 될 수 있다.

한 가지 조언한다면, 어느 쪽으로 방향을 잡아야 할지 확신이 서지 않는 사람은 광범위한 지식을 쌓을 수 있는 분야를 찾아보는 것이 좋다. 앞으로 우연히 마주치는 길, 매력적으로 느껴지는 길을 선택할 가능성을 열어놓는 것이다. 그러나 어떤 청소년이 특정 진로를 선택하고자 한다면 부모는 이를 막지 말고 지지해주어야 한다. 부모가 품는 사소한 회의나 끊임없는 걱정이 자녀의 신념과 힘을 앗아간다. 자녀의 진로 선택 문제에 부모의 관점이 지나치게 개입되면 자녀는 점점 더 그와 반대 입장에 서려 한다.

내가 아는 어떤 부모는 아이를 위한답시고 아이의 진로를 결정해주려다 실패하자 '그럼 네 마음대로 해!'라는 태도로 돌아섰다. 그러나 이는 결코 건설적인 해결책이 아니다. 부모는 아이가 도움을 요청하지 않는 한 이 일에 개입해서는 안 된다. 물론 아이가 상담해온다면 물심양면으로 지원을 아끼지 말아야 한다. 앞서도 설명했듯이 예민한 사람은 무언가를 결정하는 일이 절대 쉽지 않기 때문이다.

진로 선택 전략

사람들이 무언가를 결정할 때 스트레스를 받는 이유는 그 결정이 그야말로 최후의 것이어야 한다는 강박관념 때문이다. 한번 결정하면 돌이킬 수 없으니 모든 기대와 필요를 백 퍼센트 충족시키는 완벽한 선택을 해야 한다고 생각한다. 어떤 결정을 즉각 내려야 한다면 압박감은 한층 더 커진다. 그러나 중요한 결정일수록 인내심이 필요하다. 충분한 시간을 두고 모든 정보를 차분히 살펴보고 정해라. 즉각적이고 단정적인 평가는 피해야 한다.

정보의 수용 단계와 수집된 정보의 평가 단계, 그리고 결정 단계를 분명히 구분해보게 하는 것도 아이의 결정 스트레스를 감소시킨다. 스트레스는 이 모든 과정이 동시다발적으로 일어날 때 커진다.

먼저 직업 자체를 평가하는 데 충분한 시간을 두라고 권하고 싶다. 성과제 적용 여부 같은 각 직업의 장단점 평가는 그 뒤에 해도 된다. 최종 결정에 평가 결과가 반드시 기준이 되는 것은 아니다. 합리적으로 평가하되 결정 자체는 그와 별개로 내려져야 한다.

결정을 실행 시점보다 너무 앞서 내리지는 말자. 결정한 바를 대담하게 실현시키려면 충분한 명확성과 에너지가 남아 있어야 하기 때문이다. 그렇지 않으면 결정에서 실행까지의 공백기에 회의와 의구심을 품고 이리저리 흔들릴 수 있다.

직업보다 중요한 것은 따로 있다

직장을 그만두고 싶어 하는 예민한 성인들 중 일부는 일이 지나치게 예민한 작업이라 부담을 느끼지만, 다른 일부는 지나치게 둔감한 일이 불만이다. 양쪽의 불만족은 스스로를 조절하는 법을 제대로 배우지 못한 데서 비롯되었다. 예민한 사람이 직장생활을 성공적으로 하려면 직종 자체보다는 자극의 수용과 한계 설정, 부담과 스트레스 조절 능력이 훨씬 중요하다. 이 모든 요소는 에너지 관리에 영향을 미치기 때문이다.

자극의 수용을 조절하지 못하는 사람은 중심을 잃게 되며, 특히 인생 후반부에 에너지를 소진할 위험이 높다. 정기적으로 능동적인 휴식을 취하며 새로운 힘을 생산하는 일이 불가능해질 경우 예민한 기질은 점차 단점으로 작용한다. 예민한 사람이 사내에서 균형과 조화를 조정하는 역할을 맡으면 나름 잘해낸다. 그러나 그가 한계를 넘어 지나치면 업무 분위기에 방해가 될 수도 있다. 예민한 사람은 능동적으로 휴식을 취해 끊임없이 새로운 에너지를 생성해내는 법을 배워야 한다.

아이에서 어른이 되어가는 과도기

아이에 대한 부모의 영향력은 시간이 갈수록 줄어든다. 진로를 찾는 시기의 자녀는 이제 어린아이가 아니라 청년이며, 이제부터는 자신의 삶에서 점점 더 많은 것을 스스로 결정해야만 한다. 그러나 부모는 여전히 기존의 시각으로 아이를 대하며, 아이들도 이따금 그런 행동방식으로 부모를 대한다. 조금 전까지만 해도 어른스럽게 주관적인 행동을 하던 아들이 다시금 아이처럼 굴기도 하는 것이다.

그러나 서로 파장이 맞지 않는 행동이라면 갈등을 일으킨다. 가령 딸을 책임 있는 성인으로 대하던 부모가 예전의 모습으로 돌아가 정성껏 보살피려 들 때가 있다. 스스로를 성인으로 여기던 딸은 즉각적으로 반발한다. 부모의 그런 행동은 아이의 예민한 부분을 건드리고 그러면 아이는 금세 상처받고, 이는 갈등으로 이어진다.

보살핌과 구속, 자유와 간섭의 딜레마

아이에서 어른이 되어가는 과도기가 불분명할 경우, 이때의 빈틈을 교묘하게 활용하는 아이들도 있다. 어떤 아이는 자신에게 부여된 새로운 지위의 장점을 기존의 것과 연결해 자기 것으로 만든 뒤, 양쪽의 단점만 골라 부모에게 전가시킨다. 예컨대 어른이 되는 일이 너무 고되다고 느껴지면 어린아이들이 쓰는 신호를 부모에게 보내 예전처럼 그들의 보살핌을 얻어낸다. 그러면 부모는 아이의 행동에 안도하며 그에 걸맞은 보상을 해준다. '다시 옛날로 돌아갔구나. 귀여운 우리 아이가 다시 돌아온 거야. 모든 게 예전과 똑같아졌어!'라고 생각하는 것이다.

그러나 이로부터 힘을 얻는 것도 잠시, 한참 성장하는 아이에게는 이처럼 어린아이로 대우받는 일이 곧 구속처럼 여겨진다. 그러면 부모의 보살핌을 별안간 자신에 대한 부당한 간섭으로 간주하고 언짢은 태도로 거부해버린다. 아이를 이런 상황으로 유도하고 자신도 그 유혹에 넘어간 부모는 이제 귀찮게 간섭하는 존재로 전락해 아이에게 거부당한다.

예민한 부모와 예민한 청소년들에게는 이 시기가 특히 큰 고비다. 이들은 갈등을 겪는 와중에 서로의 예민한 부분을 인지하고, 이 점을 정확히 겨냥해 남다른 방식으로 공격할 수 있기에 갈등은 더 깊어진다. 제삼자가 보기에는 전혀 공격으로 보이지 않지만 이는 깊고 오랜 후유증으로 남는다. 그러나 주위 사람들은 이를 전혀 눈치채지 못하기 때문에 공격에 맞서는 쪽이 과민하고 소심하게 반응한다고 단정 짓는다. 이로 인해 당사자는 궁지에 몰리게 된다.

예민한 사람이 중심을 제대로 잡지 못하고 적절히 선을 그을 줄 모를 경우, 이들은 다툼이 생겼을 때도 갈등관계 내에서 자신의 위치를 제대로 파악하지 못한다. 그러면 자신의 내면에 머물기보다는 상대방에게 감정을 이입하고 그의 관점에서 이해하며, 나아가 그것이 자기 뜻이라고 착각하기도 한다. 별안간 아들이 엄마를 위해 자기 계발에 대한 관심을 완전히 포기하는 일도 벌어진다. 그러나 다음 순간 또다시 과도한 독립성을 발휘하며 상황을 바꾸려 들고, 결국 엄마에게 상처를 주고 만다. 어떤 아빠는 조금 전까지만 해도 딸이 넓은 세상으로 용감하게 한 걸음 내딛는 것을 기뻐하다가, 별안간 예전처럼 아이의 앞길에 놓인 작은 돌멩이 하나까지 치워주려 하기도 했다.

이 무렵이 되면 당신의 자녀가 지금껏 자신의 경계선을 탄탄히 구축하고 부모의 경계선을 존중하는 법을 배웠는지, 아니면 양쪽의 경계선이 불확실하게 이리저리 겹쳤는지 분명히 알 수 있게 된다. 후자의 경우 늦어도 이때쯤이면 끊임없는 경계선 분쟁과 다툼이 발생한다. 이때 성인이 된 아이는 부모의 보살핌이 귀찮게 느껴져 신경질적인 반응을 보여 부모에게 상처를 준다.

아이와의 깊은 유착관계

부모가 아이를 통해 자신의 삶을 살려 들 때는 치명적인 결과가 따를 수 있다. 예민한 아이는 이에 잘 협조하지만 부모로부터의 분리는 자연의 섭리다. 그런데 부모가 자신을 아이들의 창조주이자 소유주로 여길 때 분리는 깊은 상처로 남는다.

부모 역시 예민한 기질을 지녔다면 아이에게 심리적인 영향력을 어떻게 발휘해야 할지 잘 안다. 독립하고자 하는 아이의 의지를 꺾는 데는 근심 어린 눈빛 한 번이면 충분하다. 더불어 자신이 아이를 위해 얼마나 많은 희생을 감수했는지, 지금도 누가 요구하지 않아도 얼마나 많은 것을 포기하고 사는지 슬쩍 한 마디만 덧붙이면 된다. 아이의 죄책감을 깨우고, 자신만의 길을 개척하려는 아이 앞에 덫을 놓는 것이다.

그런데도 청소년기 아이는 자연이 우리에게 부여한 과제, 즉 자신만의 삶을 꾸려나가야 할 의무와 나름의 길을 개척해야 한다는 사명감을 감지한다. 독립하고자 하는 젊은이의 시도가 미묘하면서도 끈질기고 강한 영향력을 발휘하는 부모의 저항에 부딪치면 그의 내면에서는 갈등이 일어난다. 젊은이는 이리저리 흔들린다. 기존의 삶에 안주하려는 유혹에 이끌리는 한편, 새로운 삶에 대한 장밋빛 기대로 부풀기도 한다. 여기서 유발되는 지속적인 스트레스는 에너지를 소모시킨다. 새로운 삶에 대한 유혹이 우위를 점하면 부모는 자신의 영향력을 증대시킨다. 이는 미묘하게 작용해 젊은이의 용기를 억누른다.

이런 상황에서는 자신만의 삶을 개척하고자 하는 의지가 한층 더 굳어지는 게 보통이다. 그러면 다시 부모 쪽에서 자극을 줌으로써 다툼이 촉발되고 양쪽은 서로에게 상처를 입힌다. 상황이 여기에까지 이르면 다시금 우위를 점하는 쪽은 대개 부모다. 부모는 곧장 자녀의 죄책감을 일깨운다. 죄책감이 의지를 약화시킬 만큼 강하게 작용한다 싶으면 젊은이는 독립하려는 시도를 더욱 강하게 밀어붙이고, 이는 다시금 상처와 부모의 질책, 죄책감의 부정 또는 수용으로 이어진다.

죄의식만큼이나 강한 유착관계를 일으키는 것은 없다. 희생자는 다른 누구보다도 가해자와 가장 긴밀히 얽혀 있다. 자녀를 자신에게 잘못을 저지른 가해자로 만드는 데 성공한 부모는 자녀와의 유착관계를 한층 더 공고히 다지게 된다. 자녀는 부모에게서 멀어지거나 등을 돌린다 해도 여전히 부모에게 구속되어 있다.

　이러한 게임이 다양한 형태로 반복되는 광경을 우리는 흔히 목격할 수 있다. 부모는 아이에게서 자유에 대한 관념이 깨어나는 징후가 보일 때마다 부모는 은혜를 모른다는 등의 말로 아이를 부담스럽게 만든다. 아이가 느끼는 죄책감을 이용해 부모는 유착관계를 몇 번이고 새로이 강화시킨다.

　세상에는 나이가 꽤 들어서도 여전히 구속된 삶을 사는 사람들이 있다. 장애가 있는 사람은 타인의 도움을 받을 수밖에 없으므로 예외지만 건강한 신체를 지닌 사람 중에서 특히 예민한 사람이 이런 삶을 사는 경우가 많다. 이때 이들과 함께하는 시간이 많거나 아예 함께 사는 부모가 대다수 젊은 자녀들보다 훨씬 생기 넘친다는 게 눈에 띈다.

올가미 같은 부모의 사랑

예민한 젊은이는 경계선이 불확실할수록, 주위 사람들의 간섭이 심할수록 한층 더 필사적으로 독립하려 든다. 이때 발생하는 갈등은 정확한 양상을 파악하기가 어렵다. 각 진영의 내부가 다시금 여러 진영으로 갈라져 있으므로 부모와 자녀 사이에 형성되어 있는 전선은 피상적인 것에 불과하다. 가령 젊은이는 부모와의 갈등뿐 아니라 자기 자신과도 갈등을 겪고 있다. 이들의 자아 중 한 부분은 자신만의 길을 가고자 하고, 다른 부분은 부모의 처지를 대변하며 그들이 원하는 대로 살고 싶은 염원을 품고 있기 때문이다. 마찬가지로 부모의 내면에도 아이를 자유롭게 보내주어야 한다고 생각하는 마음과 영영 곁에 붙잡아두고 싶은 마음이 공존한다.

이처럼 양 진영이 복잡하게 뒤엉켜 있는 경우 부모와 자녀 사이의 만남이 완전히 끊기는 일도 드물지 않게 발생한다. 접촉 차단은 대부분 젊은 자녀 쪽에서 시작한다. 서로에게 상처를 주고 그로 인해 죄책감에 시달리는 악순환에서 탈피하려는 무기력한 시도다. 그러나 접촉 차단 자체도 영구적인 상처를 남긴다. 때로는 자녀가 갑작스럽게 부모에게 맞서 요란한 침묵시위를 할 때도 있다. 부모는 영문도 모른 채 확신을 잃고 망연자실해하면서도, 자신에게 접근하지 못하게 하는 자녀에게 끊임없이 강박적으로 신경을 곤두세운다.

접촉 차단은 부모로부터의 피상적인 독립에 불과하다. 갈등이 해소되지 않은 상태기 때문에 팽팽한 긴장감은 풀어지지 않고 부모와의 유착관계도 그대로다. 이러한 갈등 양상은 그의 내면에서 맞서고 있는 양 진영 사이에서도 지속적으로 이어진다. 그래서 젊은이의 머릿속에서는 이에 관한 생각이 떠나질 않는다. 끊임없는 연상 작용이 일어난다. 그러니 자유로울 수 없는 것은 당연하다.

예민한 자녀와 부모는 지극히 섬세한 연결고리들을 통해 서로에게 엮여 있다. 양자 간의 유착관계에 빈틈이 적을수록 유착의 강도는 한층 견고해진다. 조건 없는 사랑과 수용만이 서로에 대한 진정한 소속과 자유로운 능력 발휘를 가능하게 해준다. 반면 구속과 거부, 그리고 극단적인 경우 자유의 제한이 낳은 증오는 서로를 옭아매는 치명적인 쇠사

슬로 변질된다.

부모의 의도는 그저 자녀에게 최선을 다하려는 것뿐이다. 아마도 아이가 안정적인 삶을 살고 좋은 배우자를 만나 행복한 결혼생활을 하기를 바라는 것인지도 모른다. 그러나 치명적인 유착관계가 형성되어 있는 상황에서 부모가 고집을 부릴수록, 그리고 자녀가 예민한 반응을 보일수록 부모는 자녀를 점점 적대적인 위치로 몰아넣게 된다. 부모가 자녀를 놓아주지 않고 자녀가 주도적인 삶을 사는 것도 허락하지 않을 경우, 아이는 부모가 의도했던 것과는 달리 부모의 염원과 정반대의 방향으로 가게 된다. 올가미와도 같은 부모의 사랑은 자녀의 삶을 불안정하게 만들며, 원만하고 안정적인 결혼생활을 방해하고 인생에서 실패하게 한다.

자녀와의 접촉 가능성 열어두기

부모는 일찍부터 장래에 자녀들과 접촉을 유지할 방법을 찾는다. 자녀가 즐거운 마음으로 부모를 찾아오거나 부모와 서로 경계선을 맞댄 채 화목하게 이웃해 살기를 원할까? 이처럼 더불어 살면서 서로를 지지해주고 넓은 세상을 헤쳐 나가는 일이 가능할까? 혹은 부모를 방문하는 일이 내키지 않고 힘들어도 빚을 갚는 심정으로 찾아오는 건 아닐까? 아니면 부모 앞에서 자신감을 잃을까 두려워하며 장막을 치고 숨어버리는 것은 아닐까? 부모로부터, 그리고 그들이 주는 압박감으로부터 해방되기 위해 최대한 거리를 두지는 않을까? 자녀가 가족들 앞에서 인위적인 연극을 하게 되진 않을까, 아니면 서로를 받아들이고 존중함으로써 참된 대면과 공존이 가능해질까?

자녀에 대한 구속은 아무리 좋은 의도에서 나온 것이라 해도 자연의 섭리에 어긋나는 행동이다. 자녀에게 영향력을 행사하기 위한 투쟁은 장기적으로 볼 때 승리를 거둘 수 없다. 놓아 보낼 줄 모르는 사람은 누군가와 진정으로 가까워질 수도 없다. 부모는 자녀를 자유롭게 놓아줄 수 있어야 한다. 그러면 그들 또한 언제든 기쁜 마음으로 부모를 찾아오며 마음을 열어 보일 것이다. 서로에게 가까이 다가가고 부모와 자녀, 그 자녀의 자녀들이 모두 한 가족으로 화목과 소속감을 유지하는 일은 오로지 조건 없는 사랑을 통해서만 달성될 수 있다.

가장 하고 싶은 일 적기

현재 스트레스를 덜 받기 위해 가장 하고 싶은 일은 무엇인가? 여러분은 한때 매우 좋아했던 것, 하지만 다른 일이 더 중요하다는 생각 때문에 포기했던 것을 적을 것이다. 그게 운동이나 산책, 공예, 예술 활동일 수도 있고 책을 더 많이 읽는 것이 될 수도 있다.

　이제 잠깐 시간을 두고 기억 속에서 그 순간을 생생히 되짚어보라. 그것을 즐겼던 당시 어떤 기분이었나? 무언가에 열중해 한층 차분해지는 것을 느꼈는가? 그때를 떠올리는 것만으로도 현재 상태에 긍정적으로 작용해 스트레스가 조금이나마 해소될 것이다.

　이를 시험해보면 방금 적어둔 일들을 다시 시작하는 것이 현재의 삶에 어떤 영향을 미칠지 판단할 수 있을 것이다. 아빠, 엄마로서 여러분은 한결 생동감 넘치며 여유롭게, 만족감과 관용과 애정이 넘치는 태도로 아이들을 돌보게 될 것이다.

: 11장 :

나를 새롭게
이해하는 시간

예민한 부모가 자기 자신을 위해 하는 일은 예민한 아이에게 직접적인 영향력을 발휘한다. 예민한 아이를 강하게 만들어주고자 하는 예민한 부모와 교사, 보육교사들에게 해줄 수 있는 최고의 조언은 바로 자신부터 강해지기 위해 노력하라는 것이다. 자신을 위해 하는 모든 일은 예민한 아이의 기분까지 바꿔준다. 아이들은 언제나 어른에게 주의를 기울이며 어른의 기분을 직접 흡수하거나 그에 반응한다.

예민한 아이는 다른 아이들보다 애착 대상에게 동화되기 쉽다. 부모나 교육자 스스로 명확하고 중심이 잡힌 태도를 보이며 강한 모습을 보일 때 아이도 이런 상태를 흡수하고 확신을 느낀다. 반면에 교육학적 신념과 실제 심리상태 사이에서 중심을 못 잡고 우왕좌왕하면 아이는 이것을 이중적 메시지로 받아들여 확신을 잃게 된다.

부모, 교사와 보육교사, 심리치료사, 그밖에 복지 · 치유 · 간호와 관련된 모든 직업 종사자들처럼 사람을 돌보는 일을 하는 사람들이 알아야 할 중요한 사실이 하나 있다. 자기 안위를 먼저 돌봐야만 자신이 돌보는 상대방에게도 실제적이고 지속적인 도움을 줄 수 있다는 점이다.

자기 자신을 대하는 새로운 태도

부모와 교사, 보육교사들을 상담하다 보면 당면한 문제들로 인해 이들의 시야가 협소해져 있음을 알 수 있다. 나는 먼저 이들의 시야를 넓혀주려 노력한다. 그래야만 난관에 봉착해 있는 이들의 현 상태를 변화시켜 줄 대안과 전략을 고안할 수 있기 때문이다. 그런데 이때 다음과 같이 이의를 제기하는 분들이 있다.

"말은 쉽죠. 저는 아이들 때문에 꼼짝도 못 하고 집에만 묶여 있다고요. 돈도 시간도 너무나 부족해요."

얼핏 듣기에는 논리적이고 타당한 말처럼 느껴진다. 그러나 안타깝게도 이런 분들은 자신이 느끼는 위기 상황과 그 상황을 유발하고 현상 유지되도록 만드는 인지 및 사고 사이의 연결점을 간과하고 있는 것이다.

암담한 상황에 처해 있거나 스트레스를 받은 상태에서는 시야가 좁아진다. 이럴 때는 한계만이 보이고 다른 모든 것을 간과하게 된다. 사고가 한 지점에서 소용돌이를 그리며 끊임없이 협소해지면 제일 먼저 시야부터 넓혀야 한다. 무엇을 간과하고 있는가? 현재 보이는 것 말고 또 무엇이 있는가?

때로는 작은 구멍이나 틈새를 통해 스며드는 빛이 우리의 삶을 밝혀주기도 한다. 혹은 양방향으로 돌릴 수 있는 작은 나사들이 존재한다는 표현도 어울릴 것이다. 상황을 개선하려면 무엇을 해야 할까? 상황을 악화시키지 않으려면 하지 말아야 할 일에는 무엇이 있을까?

할 수 있는 게 많지 않을 때도 있지만, 큰 변화는 작은 자유가 확대되면서 시작되는 법이다. 한 여성 의뢰인은 매일 아침 10분씩 기도하는 시간을 가짐으로써 상황을 받아들이고 자신을 변화시킬 힘을 얻었다고 한다. 부부관계에서 위기를 겪고 있던 다른 여성 의뢰인은 남편을 처음 만났을 때 들었던 음악을 틀어놓고 그에 맞춰 춤을 춘다고 했다. 그렇게 하다 보니 즐거움과 여유, 힘을 얻는 것은 물론이고 남편과 자기 자신을 더욱 잘 이해하게 되었다는 것이다. 두 사람은 마침내 공동의 삶을 잘 살 수 있는 새로운 길을 찾았다.

또 하나 명심할 점이 있다. 자신에게 힘이 있음을 아는 것만으로도 상황 전체를 변화시키기에 충분하다는 점이다. 아무리 미미한 힘일지라도 말이다. 그러면 자신이 처한 상황 앞에서 무력해지지 않는다. 이런저런 기적이 일어나기를 기다리거나 누군가가 도와줄 것이라고 기대하지 말고 자신이 무엇을 할 수 있는지에만 주의하라. 하루에도 몇 번씩 '내가 다룰 수 있는 조정 장치는 어디에 숨어 있는가?'라는 질문을 해보는 것이다. 때로는 그저 바른 마음가짐을 갖는 일, 창밖을 한 번 바라보는 일, 물 한 잔 마시는 일, 지금보다 기분이 좋았거나 생기로웠던 순간을 떠올리는 일이 자신이 할 수 있는 전부라도 말이다.

부모 역할에 휩쓸리지 않으려면

많은 부모가 아이의 탄생과 더불어 자신에게 부여된 새로운 임무에 지나치게 휩쓸리곤 한다. 이때는 오로지 부모로서만 존재하며 부모 역할에만 헌신하게 될 위험성이 크다. 이처럼 협소한 정체성이 형성되는 것과 동시에 이들은 부모로서 필요한 힘의 원천은 상실하고 만다.

부모 역할을 하는 동안 많은 부부는 서로의 배우자가 아닌 경쟁자가 된다. 친구 역할을 못 하기 때문에 친구들과도 연락이 끊기기 일쑤고, 그러다 보면 다른 이들의 사고방식이나 세계관을 배울 기회도 사라진다. 대신 오로지 아이에게만 집중한다. 자신이 희생한 모든 것을 보상받기 위해 아이에게 많은 기대를 걸고 부담을 준다. 그러나 부모가 다채롭고 생기로운 삶을 희생하지 않아도 아이가 잃는 것은 아무것도 없다. 오히려 자기 계발에 힘쓰는 부모를 둔 아이들은 부모를 통해 인생을 접할 수 있는 자유롭고 드넓은 통로를 얻게 된다.

나만을 위한 시간 갖기

주위를 둘러보면 자신을 위해 시간을 내지 못하는 부모들이 많이 눈에 띈다. 이런 부모들은 부모 역할이나 직업을 위해 자기 자신을 완전히 포기하게 될 위험이 크다. 전업주부면서 자기만의 시간이 전혀 없다고 하소연하는 엄마들도 많다. 이런 엄마들은 흔히, 언제 어디서든 아이가 필요로 할 때 달려갈 준비가 되어 있어야 한다는 관념에 사로잡혀 있다.

- 세 아이를 둔 엄마 프란치스카는 나름의 해결책을 터득하고 한 가지 규칙을 정해두었다. 그녀가 지정된 안락의자에 앉아 있는 동안에는 아무도 말을 걸어서는 안 된다는 것이다. 물론 아이가 다쳤다거나 하는 위급상황은 예외다. 세 아이는 이 규칙을 지키려고 서로 주의를 기울인다.
- 엘케의 딸 마티나는 인문계 고등학교에 다니는 학생이다. 요즘 마

티나는 숙제할 때 부모의 도움이 많이 필요하다. 엘케는 딸아이와 규칙을 하나 정했다. 엄마에게 도와달라고 말하기 전에 우선 모든 과제를 혼자서 풀어보도록 노력해야 한다는 것이다.

– 울리케는 아들이 숙제할 때 물어볼 것이 있으면 표시해두었다가 한꺼번에 물어보기로 했다. 아들은 질문할 거리가 세 개가 되면 부모에게 도움을 청할 수 있다. 그 덕에 울리케도 자기 일에 집중할 여유가 생겼다.

앞의 세 가지 사례에 등장하는 아이들은 모두 이전보다 자주적으로 문제를 해결할 수 있게 되었다. 모르는 것에 대한 답을 스스로 찾는 일도 많아졌다.

참고로 숙제를 하거나 문제를 해결할 때 이들은 〈산에 오르기〉 방법을 활용했다. 이때 중심이 된 질문은 '어느 부분에 문제가 있는가?'와 '이 문제의 핵심이 무엇인가?'였다.

새로운 에너지원의 개척

많은 부모들은 아이가 태어나거나 직업상 큰 스트레스를 받을 때면 자신을 위해 무언가 하는 것을 포기한다. 여러분은 가장 좋아하는 일을 다시 시작하는 데 정확히 얼마만큼의 시간이 필요한가? 그것을 하기 위해 현재의 삶에서 무언가 조정할 필요가 있는가? 그 일을 언제 시작하려고 하는가?

나에게 조언을 구하러 찾아오는 의뢰인들은 대부분 스트레스가 너무 심해서 자기 자신을 돌볼 겨를이 없다고 변명한다. 이는 헤어날 수 없는 악순환의 고리 속으로 점점 더 휘말려 들고 있다는 증거다. 모순적이게도 이들은 스트레스 때문에 스트레스에 대응하지 못한다. 그로 인해 더 많은 스트레스가 생기고, 이를 해소하기 위해 무언가를 할 여유는 더더욱 줄어든다.

매일 15~30분 만이라도 자신을 위한 시간을 갖는다면 악순환에서 벗어나 자유와 자기 주도권을 되찾을 수 있다. 또한 세상을 보는 관점까지 바꾸어준다. 그것은 자신이 처한 '상황의 악영향'을 깨고 나온 것이나 다름없다. 잊지 마라. 부모가 자기 자신에게 유익한 일을 할 때 예민한 아이들에게도 유익한 영향을 미친다.

활력을 얻는 방법

성인들은 육체적으로는 아이들보다 강할지언정 생명력, 즉 삶의 에너지 측면에서는 아이들에게 미치지 못한다. 고대 중국에서는 삶의 에너지, 즉 기氣가 나이가 들면서 줄어든다고 여겼다. 그러니 아이들의 생기가 어른들에게 커다란 부담인 것도 무리는 아니다. 스트레스를 받는 상황이라면 더더욱 그렇다. 특히 예민한 성인들은 이로 인해 쉽게 한계에 다다른다. 예민한 아이들은 어른들의 기분을 금세 알아채고 조심하지만, 스트레스에 짓눌린 어른들은 그것조차 감당할 수 없어 신경이 곤두서는 일이 자주 발생한다.

재미있게 노는 아이들의 기분을 망치지 않으면서 이들이 발산하는 왕성한 생기를 조절하려면 예민한 어른들은 어떻게 해야 할까? 나아가 아이들의 생기에 동화되어 어른들 자신도 활력을 얻는 방법은 없을까?

아이들의 왕성한 생기를 다룰 수 있게 되면 어른도 삶의 활력을 되찾을 수 있다. 그러면 다음번에는 에너지를 충전하는 일이 훨씬 쉬워질 것이다. 때로는 에너지를 건설적인 방향으로 흐르게 하는 것만으로도 유익한 효과를 볼 수 있다. 참고로 활력이 생기면 평온한 상태에 도달하는 일이 한결 쉬워지고, 더욱 명확하게 의지를 관철할 수 있게 된다.

활력이 넘치는 사람은 존중받기도 쉽다. 그렇게 되면 아이들의 에너지를 건설적인 방향으로 이끄는 일도 가능해진다. 아이는 금지당하고 제지당하고 차단당하는 일을 너무나 자주 겪는다. 반면에 에너지나 욕구를 좋은 방향으로 이끌어주는 경험은 지나치게 드물다. 하지만 사실 이들은 누군가가 그렇게 해주기만을 기다리고 있을지도 모른다.

인지의 덫으로부터 탈출하기

예전에는 예민한 사람들이 자신의 본성을 억제하도록 강요받는 일이 흔했다. 예민한 기질을 완전히 떨쳐버리고 강해지도록 단련된 사람들은 자신의 삶에서 이해받고 공감받은 일은 없었다고 회상한다. 이들에게는 상처받고 거부당하고 심지어는 소외된 경험도 있다. 이들 중 다수는 자신을 희생자라고 여긴다. 가끔은 이런 생각에 빠져 자신의 삶에서 즐거웠던 순간을 놓치기도 한다.

사람은 선택적 인지를 한다. 다시 말해 자신의 관념에 들어맞는 것, 자신이 알고 있거나 기대하는 바에 상응하는 것만을 인지하려 한다. 자신의 세계관 및 자아에 대한 관념도 인지한 것을 기반으로 구축한다. 사람은 자신이 기존에 인지하지 못한 것에 대해서는 알 길이 없다. 인지한 것 외의 것에 관해서는 아무런 지식도 없다는 의미다.

인지 가능한 정보라고 해서 사람들이 그것을 다 인지하는 것은 아니다. 저마다 일정 정도의 자극만 걸러내기 때문이다. 한 사람이 걸러내는 정보는 다른 사람이 걸러내고 받아들이는 정보와는 판이하다. 따라서 사람은 각자 자신만의 독특한 세상 속에서 사는 셈이다. 여기에 평가 문제도 더해진다. 사람은 누구나 자극과 정보를 지극히 자동적으로 평가하는데, 이 과정이 너무나 순식간이기 때문에 매 순간 인지한 것에 대해 선입견 없이 숙고할 겨를도 없다.

하지만 예민한 사람들은 잠재적 위험요소를 알려주는 아주 작은 징후까지도 남보다 빨리 인지하며, 오류와 불규칙성 또는 불의를 발견하는 능력도 매우 뛰어나다. 장애요인이 될지도 모르는 것, 실패 가능성이 있는 것도 누구보다 빨리 간파한다. 그런데 이런 능력이 불행의 근원이 될 수도 있다. 주의를 기울이지 않으면 나이가 들수록 어디서든 위험과 오류, 불의, 장애만 인지하기 때문이다. 이웃이 내는 생명의 기적이나 신체적인 불편함도 부정적으로만 인지하게 된다.

뒤돌아봄으로써 새로이 발견하는 것

물론 있는 그대로의 삶을 받아들여야 한다는 사실에는 의심의 여지가 없다. 그러나 어쩌면 지금껏 특정 정보만을 받아들이고 그 밖의 정보에는 주의를 기울이지 않았는지도 모른다. 한 번쯤은 자신의 인지능력을 시험대에 올려볼 필요도 있다. 그러니 틈틈이 스스로 다음과 같은 질문을 해보라.

- 나는 무엇을 인지하는가?
- 그것이 내게 어떤 영향을 미치는가?
- 그 밖에 내가 인지할 수 있는 것은 무엇인가?
- 내 인지 선택에 변화를 줄 때 그것은 내게 어떤 영향을 미치는가?

그러나 내 의도를 오해하지는 말라고 당부하고 싶다. 내가 강조하는 바는 사실관계를 부정하거나 없던 일을 사실인 것처럼 꾸미라는 것이 아니다. 갑자기 즐거운 일만 생각하라는 것도, 세상만사를 마냥 긍정적으로만 보라는 것도 아니다. 중요한 것은 세상에 대한 포괄적인 그림이다.

사례를 하나 들어보겠다.

63세인 에리카는 뉴스를 보다가 텔레비전을 꺼버렸다. 전쟁과 사고, 불의에 관한 소식들을 차마 더는 듣고 있을 수가 없었기 때문이다. 산책하기로 마음먹었는데 때마침 날이 흐리고 부슬비까지 내렸다. 딸아이의 생일 선물을 넣은 소포가 벌써 도착했을 텐데 딸아이는 아직 고맙다는 전화도 한 통 하지 않았다.

저만치서 십대 아이들 둘이 커다란 검은색 개를 데리고 놀고 있었다. 셋 다 즐거워 보였다. 어느 노부인이 오리들에게 먹이를 주고 있었다. 오리들은 이미 노부인을 알고 있는 듯했다. 벌써 봄꽃이 드문드문 피어 있었다. 시 예산이 부족할 텐데도 공원은 잘 가꾸어져 있었다.

불현듯 에리카는 딸아이가 소포를 아직 받지 못했을지도 모른다는 생각이 들었다. 너무 바빠서 늘 늦게 귀가하는지도 몰랐다.

공원 담장에는 청년들이 전쟁과 불의에 분개하며 써놓은 글귀가 보였다. 예전 같았으면 이런 것을 낙서로만 여겼을 것이다. 그러나 지금은 그들이 자신만큼이나 좌절한 모양이라는 생각이 들었다. 그래도 이처럼 오랫동안 평화가 유지된 적은 드물었다. 이 시대, 이 장소에 태어나 한평생을 보낸 것은 커다란 행운인지도 모른다. 물론 주위에서 간혹 비참한 이야기가 들리기도 하지만 말이다.

문득 에리카는 앨범에서 본 사진 한 장이 떠올랐다. 전쟁이 끝나기 몇 주 전에 찍은 사진이었다. 에리카는 이웃들과 방공호에 모여 앉아 촛불을 켜고 노래를 부르며 마지막 남은 포도주 몇 병을 나누어

마셨다. 당시 참전 중이던 할아버지는 포로수용소에서 돌아가셨다. 에리카는 비로소 자신이 삶의 긍정적인 측면에 덜 주목해왔음을 이해할 수 있었다.

온갖 노력에도 불구하고 유년기의 인상적인 순간들을 떠올리는 데 실패했다면 여러분은 예민한 기질을 타고난 것이 아닐 수도 있다. 삶의 조건이라든지 트라우마로 인해 후천적으로 예민한 기질이 형성되었을 가능성이 크다. 하지만 그 영향력은 양쪽 모두 비슷하게 나타난다. 후천적으로 예민한 기질이 생긴 사람은 인지 및 성가신 자극의 영향력에만 제한적으로 예민하게 반응한다. 이 책에 소개된 대부분의 방법은 이런 사람들에게도 유용하다. 참고로 이 경우에는 트라우마를 극복하기 위해 치료사의 도움을 받는 것도 고려해봐야 한다.

원하든 원하지 않든 우리는 우리가 받아들이는 자극을 지극히 자동적으로 평가한다. 그에 관해 의식적으로 생각해볼 겨를도 없이 말이다. 평가가 이루어지고 나면 그 자극은 이미 특정한 색깔로 물들어 있으며, 우리는 각자가 지닌 촬영 기술을 가지고 이를 표현한다. 이 모든 과정은 지극히 무의식적으로 일어난다. 삶의 흐름과 더불어 특정한 시각적 설정에 따라 사물을 인지하는 습관을 형성해나간다. 이로써 모든 것, 다시 말해 우리의 세계관과 자아상은 물론 타인에 대한 인상에도 색깔을 입히는 셈이다.

인생을 찍는 카메라 설정 바꾸기

어떤 조건도, 당장 성과를 보고자 하는 욕심도 없이 작은 실험을 하나 해보자. 여기에서는 시각적 세부사항이 중요하다. 대개는 무심히 넘어가게 되는 이런 세부사항이 우리 삶의 모습을 형성하는 데 크게 이바지하기 때문이다. 먼저 최근에 있었던 일 중 비교적 덜 중요한 두 가지 장면을 골라라.

첫 번째 장면에서 여러분은 약간 의기소침해 있다. 그 장면의 무엇도 인위적으로 바꾸려 들지 말고 그저 상황을 있는 그대로 관찰하며 다음과 같은 질문을 해보라.

- 조명은 어떤가? 밝은가 아니면 어두운가?
- 이 상황은 컬러영화와 흑백영화 중 어느 쪽처럼 보이는가?
- 나는 그 장면의 일부인가, 외부 관찰자인가?
- 상황을 가까이서 보는가 아니면 거리를 두고 보는가?
- 장면이 명료하게 보이는가 아니면 흐릿한가?
- 위에서 내려다보는 시점, 수평적 시점, 아래쪽에서 올려다보는 시점 중 어느 것인가?
- 그 상황에서 어떤 소리를 들은 기억이 있는가?
- 소리가 분명한가, 불분명한가? 큰 소리인가 나지막한 소리인가? 가까이에서 들리는가 멀리서 들리는가?

이제 두 번째 장면을 떠올려보라. 이번에는 기분이 좋은 상황이다. 이때도 앞에서 했던 것과 똑같은 질문을 해보라. 두 가지 장면이 촬영될 때 카메라의 설정에 차이가 있었는가? 그렇다면 어떤 점에서 달랐는가? 한두 가지 차이를 파악하는 것만으로도 충분하다. 아마도 즐거움을 느꼈던 장면은 한층 밝고 다채롭게 보였을 것이다.

여러분 스스로 촬영 감독이 된 거라 할 수 있다. 첫 번째 장면에서 촬영 감독은 여러 가지 가능한 효과를 동원해 침울한 분위기를 연출했고, 두 번째 장면에서는 즐거운 분위기를 연출했다. 이 장면들은 실제로 일어난 일인 반면, 여러분의 카메라 설정을 통해 촬영한 장면은 개인적인 해석이다. 따라서 영화가 상영되는 동안 여러분은 자연히 당시의 주관적 관점을 취하게 된다.

여러분은 회상할 때도 이 방법을 활용할 수 있다. 이때 이미 일어난 일을 인위적으로 꾸미지 않아도 된다. 무언가를 억누르거나 덧칠할 필요도 없다. 장밋빛 안경을 끼고 무언가를 볼 필요도 없고, 일부러 즐거운 상상을 할 필요도 없다. 그저 한층 밝은 조명으로 흑백영화를 컬러영화로 대체하는 것이 전부다.

엄밀히 말해 새롭게 설정한 장면을 통해 단순히 객관적인 체험에 접근하는 것뿐이다. 그러나 그것만으로도 삶이라는 영화에는 변화가 찾아올 것이다. 기존의 시각을 버리고 자신의 삶을 완전히 새로운 눈으로 감상하게 될 것이다. 그리고 지금껏 일어난 일들의 숨겨진 측면과 새로운 맥락을 불현듯 인지하게 된다.

가령 과거에 상처받았던 일들이 사실은 전혀 상처받을 일이 아니었음을 깨닫기도 한다. 아마 당시에는 그보다 앞서 이미 상처를 입었던 탓에 그 일까지 상처로 느껴졌는지도 모른다. 어쨌든 중요한 것은 기억을 위조하거나 상처를 없던 것으로 만드는 일이 아니라, 삶에서 일어난 일들에 대해 더욱 열린 마음가짐을 갖는 것이다. 이 방법은 여러분이 경험했던 일의 또 다른 측면을 인지하게 해준다. 이를 관찰하며 다음과 같은 질문을 해보라.

- 나는 어린 나 자신에게서 어떤 능력을 발견할 수 있는가?
- 나는 그 능력에 경의를 표할 수 있는가?
- 남다른 성숙함과 이해력, 인간성을 발휘해 다른 사람이라면 하지 못했을 경험을 한 일이 있는가?
- 이 일을 통해 나는 어떤 능력을 계발할 수 있었는가?
- 그로써 나는 어떤 자질을 가지게 되었는가?

여러분은 우리가 미처 손을 쓰기도 전에 우리 내면에서 작동하는 이런 메커니즘을 의식적으로 활용할 수 있다. 참고로 나는 이따금 이 방법을 사용해 기분을 전환하기도 한다. 내가 보기에 가장 큰 차이를 만드는 것은 밝기 및 강렬한 색채 효과다. 그래서 나는 조명에 특히 주의를 기울이며, 이따금 어느 정도 강렬한 색채에도 주의를 기울인다. 그러고 나면 기분까지 밝아진다.

그러나 나는 원칙적으로 개인적인 감정, 예를 들어 슬픔 등을 억제하기 위해 이 방법을 사용하지는 않는다. 오로지 침울해 할 이유가 전혀 없는데도 괜스레 침울해지는 순간에만 활용한다. 괜스레 침울해지는 것은 그저 오래된 습관일 수도 있고, 예민한 사람 중 다수가 그렇듯 잠시 주의를 소홀히 하는 바람에 주위 사람들의 기분에 물드는 것인지도 모른다.

또다시 산 위에 올라 거리 두기

자신의 과거와 화해한 뒤에야 비로소 힘겨웠던 과거를 놓아 보낼 수 있다. 이로써 과거는 영향력을 잃게 된다. 여러분은 마음의 평화를 얻고 타인을 용서할 수 있게 된다. 무엇보다도 자기 자신을 용서함으로써 날마다 새로운 사람으로 새롭게 태어날 자유를 누리게 된다. 지금까지는 예민한 사람들이 흔히 그렇듯 여러분도 자신을 부정함으로써 자신의 흔적을 잃어버렸던 것이다.

또다시 어떤 문제 또는 갈등에 얽혀들 위험에 처하면 산 위에 올라 거리를 둔 채 객관적으로 상황을 내려다보라. 자신의 삶이나 유년기, 또는 청소년기를 뒤돌아보는 데도 〈산에 오르기〉는 유용하다. 이를 통해 지나온 삶의 전혀 다른 면면을 발견하게 될지도 모른다.

어떤 사람들은 거리를 두고 자신을 바라보면 자기 자신에게 극도의 반감을 느끼기도 한다. 평가하고 기대하는 시선으로 자기 자신을 바라보며 유년기에 자신에게 부담을 줬던 사람들과 똑같은 태도로 자기 자신을 대하기 때문이다. 이런 식으로 자신을 대하다 보면 하루하루 비참함만 더해질 뿐이다. 이런 사람에게는 산 위에 오르는 일도 소용없다.

예민함을 장점으로 만들기

예민한 어른은 나이가 들수록 예민함의 부정적인 측면에만 주목할 뿐, 그것이 갖는 장점에 관해서는 잊는 경향이 있다. 시야를 넓히려면 다음과 같은 몇 가지 장점에 주목하는 것도 도움이 된다.

- 심신이 불편한 사람들을 정신적으로 지지해줄 수 있는가?
- 인간관계에서 어려움을 겪거나 갈등을 일으키는 이들과도 원만하게 지낼 수 있는가?
- 이따금 무언가 잘못되어가는 것을 감지하는 능력이 있는가? 그 일이 향후 실제로 일어남으로써 내 직감이 옳았다는 사실이 확인되기도 하는가?
- 이야기에 귀를 기울여주는 것만으로도 상대방이 명확한 감각을 얻는 데 도움이 되는가?
- 조화로운 영향력을 발휘하며 다른 사람들 사이의 갈등을 객관화

할 수 있는가?

    – 타인의 위기 상황을 해결할 방법을 발견하는 일이 자주 있는가?

예민한 사람들은 위에서 이야기한 것 외에도 여러 가지 재능을 지니고 있다. 다만 이런 능력을 자기 자신을 위해서도 사용하냐는 것이다. 예민한 사람들은 대부분 자신을 위해 이러한 재능을 활용하는 일이 아예 없거나 드물다고 대답한다. 반면에 타인을 위해서는 이를 당연하다는 듯 활용한다. 모순적인 상황이 아닐 수 없다.

예민한 사람들이 자기 자신을 받아들이지 않을 뿐만 아니라 자신을 위할 줄도 모른다는 사실이 이런 상황에서도 분명히 드러난다. 이 경우에도 〈산에 오르기〉는 도움이 된다. 그곳에서 자신의 상황을 내려다보고 나면 타고난 재능을 자신을 위해 활용하게 됨은 물론, 좋은 친구를 위해 사용하듯 자신을 위해 사용할 수도 있게 될 것이다.

자기 자신을 보살피는 부모

부모의 상태가 아이의 심신에 영향을 미치듯 아이의 안위와 부모를 대하는 아이의 태도 역시 부모에게 영향을 미친다. 여러분은 자기 자신을 위해, 그리고 정신적 계발을 위해 이런 상관관계를 의식적으로 활용할 수 있다. 그러면 아이에게도 유익한 효과로 되돌아온다.

아이는 부모의 삶을 변화시킨다. 새로운 관점을 확립할 수 있게 해주며, 자신과 과거, 그리고 삶을 대하는 태도를 새롭게 정립하는 계기가 된다. 아이를 보살피며 아이가 가진 욕구를 의식적으로 인지하는 과정에서 몇 가지 규칙에 주의를 기울여보라. 그러면 부모라는 삶을 통해 일종의 자기 치유 과정을 수료하게 된다. 자기 치유가 이보다 멋지고 자연스럽게 이루어지는 경우는 없을 것이다.

자신의 욕구를 항상, 그리고 원하는 방식으로 채울 수 있는 사람은 없다. 무언가가 너무 부족하거나 지나치게 많기 때문인데, 두 경우 모두 해롭기는 마찬가지다. 어떤 부모는 무언가를 포기했다는 아쉬움을 아이를 통해 과도하게 보상받으려 든다. 이는 아이에게 다른 포기를 유발한다. 이렇듯 부모는 자신에게 결핍되었던 것을 그와는 상반된 형태로 아이에게 물려주게 된다.

이 장 마지막에 나오는 〈어린 시절의 자신 돌보기〉(265페이지)는 아이에게 이처럼 과도한 선의를 쏟아붓는 일을 막아주는 동시에, 부모에게 결핍된 것을 해소하는 데도 도움을 줄 것이다. 이 방법은 다른 누구보다도 예민한 부모와 아이와의 관계에서 가장 큰 효과를 발휘한다.

나와 아이의 차이를 파악하자

다양한 위치에서 자신의 삶을 관찰하는 일은 부모가 자신과 아이를 지나치게 동일시하거나 아이에게 과도한 관심을 쏟게 되는 것을 방지한다. 이로써 아이는 부모와는 전혀 다른 자신만의 욕구를 더욱 쉽게 표출할 수 있게 된다.

부모가 유년기에 놓친 것을 번번이 아이에게 해주려 들 위험은 늘 존재한다. 그러나 정작 아이에게는 전혀 다른 것이 필요할지도 모른다. 예를 들어 누군가의 곁에서 온기를 느낀 경험이 적은 부모는 아이와 너무 가까이 있으려 한다. 하지만 아이는 도리어 더 많은 자유를 원하고 부모가 자신에게 좀 더 무심해지기를 바랄지도 모른다. 그러나 부모는 이런 아이의 욕구를 간과해버린다. 여러분도 아이였을 때의 자기 자신을 떠올리며 그 아이의 특성, 염원, 선호도를 비교해보라. 그리고 두 아이의 차이를 아주 작은 것까지 파악해보라.

사실 사람들이 지닌 욕구나 갈망은 다 거기서 거기다. 다만 같은 것이라도 원하는 정도에 따라 결정적인 차이가 날 수 있다. 스스로가 더는 궁금하지 않다고 느낄 때 예민한 사람으로서의 장점을 활용할 수 있다. 즉 무언가가 필요하거나 갈망하는 정도의 섬세한 차이를 더욱 정확히 인지하게 되는 것이다.

삶의 모든 단계와 대면하는 방법

앞서 살펴본 것처럼 부모는 아이의 성장과 더불어 자신의 유년기를 처음부터 다시 살아볼 수 있다. 아이가 성인이 되었을 때는 부모도 청년으로 성장하게 되는 셈이다. 과거에 이루지 못했던 모든 염원을 적어도 상징적으로 이룰 수 있으며, 타인이 자신에게 해줄 수 없었던 것을 스스로에게 선물할 수도 있다. 자신이 받지 못한 것 대신에 다른 특별한 무언가를 받았음을 깨닫게 될지도 모른다. 다만 충족되지 못한 욕구가 너무나 크게 남아 자신이 누린 것을 인지할 여유가 없었고, 그래서 그 역시 소중한 것이었음을 지금껏 깨닫지 못한 것뿐이다.

또한 결핍과 상처가 자신을 강하게 만들어주었으며 자각과 성숙함 역시 이로부터 싹텄음을 깨닫게 될 것이다. 여러분은 이미 납에서 금을 만들어냈음을 감사하는 마음으로 자각하라. 아마도 과거라는 보물상자 안에는 금이 되기를 기다리는 더 많은 납으로 가득 차 있을지도 모른다.

이런 과정은 부모가 아이를 더 잘 이해하도록 만들어준다. 나아가 아이들이 자신만의 길을 가는 데 대해 기뻐하는 마음이 들게 해준다. 설령 그 길이 부모의 관념이나 염원과는 확연히 어긋나는 것이라 할지라도 말이다.

구체적인 적용 사례를 하나 들어보겠다. 앙겔리카는 예민한 기질의 소유자이자, 자신처럼 예민한 8세 소녀 멜라니의 엄마이기도 하다. 다음은 앙겔리카가 들려준 이야기다.

"남편에게서 제가 딸을 너무 오냐오냐 키운다느니, 지나치게 많은 것을 해준다느니 하는 말을 들었을 때 저는 화가 났습니다. 예를 들면 제가 아직도 아이를 늘 학교까지 데려다주고, 방과 후에도 직접 데려올 구실을 찾는 것이 불만이었던 모양이에요. 멜라니도 그걸 좋아하지 않았고요. 기질적으로 예민하기는 하지만 그 애는 사람들과 어울리는 걸 좋아하고 학급에서 인기도 많습니다. 딸아이는 저보다는 친구들과 어울려 다니고 싶은 모양이었습니다. 다른 엄마들도 제 행동이 지나치다고 여기더군요. 결국 저는 제 자신으로 인해 딸아이에게 문제를 일으키고 있음을 인정할 수밖에 없었지요.

선생님께서 가르쳐주신 방법이 제게 큰 도움이 되었습니다. 저는 상상 속에서 여덟 살 여자아이가 된 저 자신을 멜라니와 나란히 세워두고 차이점을 하나하나 짚어보았어요. 어린 시절의 저는 혼자 있는 시간이 너무나 많았고 수줍음 많은 딱한 소녀였습니다. 주위 사람들로부터 그리 많은 사랑을 받는 아이도 아니었고, 오히려 커다란 사시 교정 안경을 끼고 입고 싶지 않은 언니의 옷을 물려 입고 다니던 외톨이에 가까웠지요.

지금 제가 딸아이에게 지나치게 관심을 쏟아붓고 있는 것은 바로 어릴 적 제가 받고 싶어 하던 것이었어요. 어머니는 네 아이를 키우며 청소부 일을 하느라 제게 신경 쓸 겨를조차 없었거든요. 언니들도 자신들 일에 열중해 있었기 때문에 저는 뭐든지 혼자서 해내야 했지요. 언니들과는 나이 차도 많이 났고, 저보다도 더 엄마의 관심을 덜 받았기 때문에 어차피 제게 시기심과 질투심만 품고 있었어요.

그런데 멜라니는 어떤가요? 그 아이는 말재주도 뛰어날뿐더러 좋고 싫은 게 늘 분명하답니다. 얼굴도 예쁘고 사랑도 많이 받아요. 제가 어렸을 때 필요로 하던 것을 너무나 많이 갖고 있더군요. 멜라니는 제게 조종당하고 제지당한다고 느끼더군요. 저는 소질이나 특성, 좋아하는 것과 싫어하는 것에서도 많은 차이를 발견했답니다. 멜라니가 제 남편의 아이이기도 하다는 사실은 누가 봐도 분명했지요. 저는 이따금 이 사실을 잊고 싶었지만…….

그 후로 저는 어린 시절 제가 필요로 했던 모든 것을 상상 속의 8세 소녀 앙겔리카에게 주었답니다. 우선 이 아이를 자주 안아주었어요. 함께 장을 보러 가는 상상도 했고요. 사시 교정 안경과 낡은 옷차림을 보았을 때는 상상에서나마 제가 원했던 모습으로 꾸며주었습니다. 심지어 안경원의 진열창을 들여다보다가 그 아이에게 어울릴만한 안경을 발견한 적도 있답니다. 그러다 보니 마침내 딸 멜라니에게 그 애만의 재능과 발달 상태에 걸맞은 독립성을 인정해줄 수 있게 되었습니다. 멜라니의 취향은 말할 것도 없고요.

어린 나 자신과의 만남은 몸으로도 느낄 수 있을 만큼 제게 유익했습니다. 긴장이 완화되면서 동시에 힘이 샘솟았지요. 멜라니와의 관계도 훨씬 좋아져서 둘 사이의 신경전은 사라졌습니다. 저는 딸아이를 새로운 눈으로 볼 수 있게 되었고, 심지어 이 아이를 처음 알게 된 것 같은 느낌마저 들었어요. 더 많이 존중받고 더 많은 영향력을 발휘할 권리가 남편에게도 있다는 사실을 인정할 수 있게 되었습니다. 이제 우리는 다시 완전한 가족이 되었답니다.

그것뿐만이 아니에요. 제 부모님과의 관계도 훨씬 좋아졌지요. 저는 이제 부모님에게 불평을 늘어놓지도, 채워지지 않을 과거의 욕구에 골몰해 불만스러운 태도로 그들을 대하지도 않게 되었습니다. 대신 부모님이 제게 해줄 수 있는 것을 다 해주신 데 대해 감사하고 있어요. 그분들의 삶도 그리 풍족하지는 않았으니까요.

제가 자신을 위해 무언가 할 수 있게 되었다는 사실이 무척이나 기쁩니다. 이 일에는 시간과 돈도 거의 들지 않았어요. 딸아이의 성장과 더불어 지극히 여유롭고 자연스럽게 실천할 수 있는 일이니까요. 저는 제 과거를 조금씩 더 잘 받아들일 수 있게 되었으며, 어린 내가 필요로 했던 것을 스스로 해줄 수도, 제 자신을 치유할 수도 있게 되었습니다. 무엇보다도 제 딸이 저로 인해 받았을 부담에서 벗어나 자유롭게 성장할 수 있게 되어 행복합니다."

시간 의식적으로 활용하기

사람은 바쁘게 살면서도 틈틈이 자기만의 시간을 가지려 한다. 그런데 이 귀한 시간을 어떻게 보내는 게 좋을까?

여러분은 이런 시간에 무엇을 하는지 한번 적어보라. 이삼 주 동안 꾸준히 기록해보는 게 좋다. 무엇보다 '이 시간이 내게 어떤 점에서 유익했는가?'라는 질문을 끊임없이 해야 한다. 이후 상태를 0을 기준으로 -10에서 +10까지의 수치로 평가해보라.

아마 긴장을 풀기 위해 한 일 중 일부는 전혀 긴장 완화 효과를 불러오지 못했음을 깨달을지도 모른다. 개중에는 심신 상태를 개선시키는 데 전혀 도움이 되지 않는 일도 있을 것이다. 예를 들면 흔한 소일거리인 텔레비전 시청이 그렇다.

부모가 흔히 걸려드는 악순환의 고리가 있다. 에너지가 부족해 아무것도 하지 못하고 늘어져 있다 보면 결국에는 에너지가 더 낮아진다. 그러면 한층 더 아무것도 할 수 없는 상황이 된다. 여러분이 축적한 에너지의 총량을 살펴 이러한 악순환에서 벗어나라.

강렬했던 순간 떠올리기

예민한 사람이라면 유년기에 강렬한 감정을 느껴본 경험이 한 번쯤은 있을 것이다. 그 귀중한 몇 시간, 몇 분, 심지어는 몇 초라도 떠올려보라. 가령 자연에서 주위를 둘러싼 모든 것과 하나가 되었던 경험, 세부사항을 하나하나 분석하지도 않았는데 갑작스럽고 즉흥적으로 일의 맥락을 이해할 수 있었던 경험들 말이다. 넋 놓고 예술작품에 빠져들었던 일, 음악을 듣거나 연극을 보러 간 일, 독서 등도 있다.

이런 순간에는 늘 자아가 활짝 열리고 확장되며, 우리를 압도하는 무언가와 합일되는 것을 느낀다. 심지어 초월적인 순간을 경험하기도 하다. 하지만 모든 사람이 그런 순간을 접할 수 있는 것은 아니므로 여러분은 이런 경험을 누구와도 나누지 못했을 것이다. 그렇다면 당시의 체험을 떠올려 현재의 자신과 공유해보는 건 어떨까.

그 순간에 대한 기억이 고통으로 다가올 수도 있지만, 그럼에도 이러한 경험은 치유 효과를 발휘한다. 자신의 본질이나 인생행로와 화해하게 해주는 하나의 가능성이 될 수도 있다. 과거의 체험에 몰입해 그것의 영향력이 여러분에게 미치도록 유도해보라. 그리고 현재 여러분의 감정과 신체 감각에 어떻게 작용하는지 느껴보라.

내가 필요로 했던 사람 상상하기

'과거의 나는 어떤 특성과 자질을 갖춘 사람을 필요로 했나?'라는 질문은 자신에게 지나치게 엄격한 이들을 비롯해 모든 사람에게 유용하다. 사람들은 이 질문을 받으면 저마다 할머니, 이모, 보육교사, 먼 친척 등을 떠올린다. 바로 선량함과 이해심, 관용, 상냥함, 차분함, 포용하는 태도와 넘치는 애정을 가진 사람들 말이다.

삶에서 결핍을 느낀 경험이 있다면 결핍된 것이 무엇이었는지 정확히 짚어내는 일이 그리 어렵지 않을 것이다. 여러분이 그때 필요로 했던 인물을 마음속으로 그려보라. 이때 자신을 조금만 관찰해보면 여러분 스스로 그런 사람으로 변하려 했다는 걸 느낄 수 있을 것이다.

이제 완전히 그 인물에게 감정이입을 해 자신이나 현재 상황, 혹은 과거를 이 선량한 인물의 관점에서 바라보라. 이 인물이 되어 〈산에 오르기〉를 한 뒤 그곳에서 자신을 내려다보는 것도 좋다.

참고로 이런 관점은 스스로를 받아들일 수 있도록 도와준다. 포용력이 강한 사람을 상상하며 그의 관점에서 자신을 관찰해보라. 이후에는 원래의 자신으로 되돌아가 누군가에게 받아들여진다는 것이 어떤 효과를 발휘하는지 느껴보라. 이러한 과정을 여러 번 반복해보라.

신뢰하는 사람 상상하기

두려움은 여러분에게 어떤 작용을 하는가? 누군가가 당신을 신뢰할 때는 어떤 느낌이 드는가?

두려움과 근심에 잠겨 있는 사람을 떠올려보라. 그 사람의 두려움이 어떤 것인지 상상하며 그것이 당신에게 미치는 영향력을 체험해보라. 몸으로 느껴지는 것에 주의를 기울여야 한다. 가령 두려움에 대한 상상이 호흡과 힘, 신체 긴장감에 영향력을 미치는지 느껴보라.

이제 당신을 신뢰하는 사람을 떠올려볼 차례다. 없다면 가장 가깝게 아버지나 어머니를 상상해보라. 이때도 신체의 변화에 주의를 기울여야 한다.

삶의 에너지 충전하기

아이들의 넘치는 에너지가 버겁게 느껴지면 부모의 에너지가 순식간에 소진될 수 있다. 아이들의 생기에 맞서려 들면 가뜩이나 한정적인 부모의 에너지는 더 소모된다. 이에 저항하기보다는 받아들이자.

여러분이 예민한 사람이라면 이 기질을 장점으로 활용할 수 있다. 상대방에게 감정을 이입해 기분을 쉽게 이해할 수 있기 때문이다. 자신이 생기 넘치게 뛰어노는 많은 아이 중 하나라고 상상해보라. 그리고 아이들의 넘치는 활력에 동화되는 것이다.

샘솟는 에너지를 마음껏 발산하던 유년기의 기억을 떠올려보는 것도 좋은 방법이다. 다시금 그때의 기분에 젖어 당시 누렸던 즐거움이나 현재 누리고 있는 삶의 기쁨을 마음껏 음미해보라. 삶의 에너지는 주변에서 얼마든지 얻을 수 있다. 이것으로 자신을 충전하라.

어린 시절의 자신 돌보기

아이를 바라보며 부모가 현재 아이의 나이였을 때를 떠올려보라. 상상 속에서 그 아이 곁에 앉아보라. 아이에게 음식을 주고 놀아주고 달래면서 어린 자신에게도 음식을 주거나 달래고 있다고 상상한다. 그러면 어린 시절의 자신과 접촉해 아이를 돌보면서 자신에게도 편안함을 줄 수 있게 된다.

이렇게 하면 아이의 현재 상황을 과거 여러분의 상황과 연결시켜 아이의 부담을 덜어주게 된다. 전에 없이 애정 어린 태도로 자신을 대하게 되며 자기 자신, 자신의 욕구, 그리고 과거와도 타협할 수 있게 된다.

의식적인 인지나 〈산에 오르기〉를 활용해도 좋다. 그러면 한 걸음 물러서서 자기 자신과 현재 상황에 거리를 둘 수 있게 된다. 물론 현재의 위치로 되돌아오는 일은 언제든지 가능하며, 심지어 어린 시절의 특정 상황에 자신을 이입시켜볼 수도 있다. 이 모든 과정은 지극히 의식적으로 이루어져야 한다. 그래야만 각 상황 간의 미묘한 차이를 파악할 수 있기 때문이다.

학습문제, 부메랑이 되어 날아오다

예민한 아이는 인지방식, 사고방식은 예민하지 않은 아이들보다 한층 더 복잡한 그물망으로 얽혀있다. 그리고 이러한 복잡한 그물망은 뛰어난 인지능력과 지적능력으로 나타나기도 한다. 하지만 예민한 아이라고 모두 다 지능이 높은 건 아니다. 또한 예민한 아이가 쏟아져 들어오는 각종 정보나 생각들에 얽혀 혼란에 빠지게 되면 그 아이는 제대로 된 사고를 하기가 힘들어진다.

학교생활에서도 마찬가지다. 자신이 대개의 친구들과는 다른 사고방식을 가졌다는 사실을 알게 되면, 예민한 아이는 친구들에게 이질감을 느끼게 된다. 이 이질감으로 인해 예민한 아이는 다른 아이들과 다르다는 것을 알고 인정한다 해도 자신이 친구들에게 이해받지 못한다고 느끼게 되고, 늘 내면 깊숙이 외로움을 느끼게 된다. 그 결과 예민한 아이들은 다른 친구들과 같아지려 함으로써, 자기 생각을 드러내지 않고 다른 친구들에게 맞추려 함으로써 이질감을 극복하고자 한다.

그런 아이일수록 부모는 아이의 예민함을 예민함 그대로 인정하고 수용하고 북돋워 줘야 한다. 그래야만 아이가 자신의 예민함이 능력으로 발휘될 수 있는 자신만의 영역을 찾아가기를 주저하지 않게 되기 때문이다. 그렇다면 예민한 아이가 자신의 능력을 찾는 데 부모는 어떤 구체적인 도움을 줄 수 있는가? 아이가 자신의 예민함을 능력으로 변화시킬 수 있게 하려면 부모는 어떻게 해야 하나?

예민한 아이는 무언가를 배우는 데 뛰어난 경우가 많다. 또한 예민한 아이는 찻잔 밖뿐 아니라 그 안까지도 살피기에 어린 나이에도 부모가 기대하는 것을 빠르게 파악한다. 예민한 아이가 보여주는 이러한 탁월한 지적 능력과 상황 판단 능력을 확인하게 되면 부모의 기대는 자연스레 높아지고, 아이의 학습에 대한 관심도 자연스레 증가한다. 바로 이때 무엇보다 중요한 것이 부모의 학습에 대한 개입 정도.

상담실에서 만난 학업을 포기하고 방황하거나 학업 수행이 엉망인 똑똑한 청소년기 아이들의 많은 경우 아이가 어렸을 때 부모가 보여준 아이의 학습에 대한 태도의 유사성 때문이었다. 이러한 아이들의 부모 대부분은 아이의 탁월한 능력을 감지하고는 욕심을 내 공부를

시키고는 더 똑똑해지기를 바랐던 것이다. 부모가 이런 반응을 보이면 아이는 어린 시기에는 부모의 인정과 기대에 부응하려 더 열심히 공부한다. 내적으로 버겁고 싫은 상황이 와도 자신의 예민함이 부모나 다른 사람에게 불편을 줄 수 있다고 여겨 표현하지 않고 꽁꽁 싸매 둔 채 공부에만 집중한다. 그리하여 겉으로는 공부 잘하고 모범적이며 온순한 초등학생 시기를 보낸다.

그러나 이 예민한 아이가 사춘기가 되면 문제가 발생한다. 사춘기가 되었는데도 부모가 변함없이 압박하고 무리한 요구를 하게 되면 내적이든 외적이든 저항이 생기게 된다. 그리고 이 저항은 자연스레 학업 측면에서 문제로 발현된다. 우선 아이의 내적인 저항은 공부에 대한 자발적인 흥미를 상실하게 하고, 나아가 만사가 귀찮아지는 의욕 상실 상태를 가져온다. 상황이 이렇게 되면 아이는 자신의 예민함이 가져다주는 보통 이상의 감각과 정보에 심하게 피곤함을 느끼고 이를 거부하게 된다. 상황이 좀 더 심각해지면 아이는 자기 본래의 모습을 잃은 채 우울함과 정신적 고통에 빠지게 되며, 결국 공부를 하면 뭐하나 싶고, 잘하는 것도 흥미 있는 것도 하나도 없다며 학업을 포기하는 상태까지 벌어진다. 예민함의 정도가 강한 경우 너무 깊은 생각에 빠져든 나머지 삶의 의미조차 못 느끼게 되고, 심하면 자살 충동을 느끼기도 한다.

반면 외적으로 학업에 저항하는 경우, 사춘기 아이는 부모가 학업을 돕는다며 개입했던 과거의 사례들을 조목조목 따지며 공격한다. 이런 공격을 부모가 무시하거나 억압하면 아이의 공격은 점점 더 거칠고 강해진다. 학업 측면에서 자신이 어린 시절부터 당했다고 느끼는 압박감을 부당함으로 느끼게 되고, 이에 몸서리치며 부모를 공격하는 것이다. 심한 경우 입에 담을 수 없는 욕설을 하며 기물을 부수는가 하면, 부모를 신체적으로 가해하려는 모습을 보여줌으로써 부모가 두려움을 느끼게 한다.

내적이든 외적이든 이런 저항을 보이는 예민한 아이는 대개 흥분되고 고조된 감정을 쉽게 달래지 못한다. 대신 아이는 심적 에너지 대부분을 자신이나 타인에게 화를 내거나 그 둘 모두와 싸우는 일에 사용하게 되고, 그럼으로써 학업에 집중하는 것은 더욱더 힘들어지게 된다. 한편, 학년이 올라갈수록 고차원적 생각을 요구하는 공부에 더욱더 큰 부담을 느끼게 된다. 그럼에도 예민한 아이들은 아이러니하게도 절대 학원을 그만두게 해달라거나 과외를 하지 않겠다고 하지 않는다. 공부를 못하는 것에 대한 두려움, 정말 자신이 바보가 되지 않을까 하는 공포를 동시에 느끼기 때문이다. 그래서 학원에 갈 때나 과외를 할 때마다 부모에게 온갖 짜증을 부리는데, 이는 아이들이 공부하는 것이 힘든 것과 공부를 잘하지 못하는, 또는 못하게 될 것이라는 두려움을 부모를 달달 볶는 것으로 해소하는 것이다.

사춘기가 되어 부모와 이러한 실랑이를 벌이는 아이들 중에는 예민한 아이들이 많다. 그 이유는 예민한 아이가 그렇지 않은 아이들보다 더 많이 자신의 뛰어난 인지능력을 제대로 발휘하고 싶어 하고, 공부를 잘하지 못하는 것에 더 많은 두려움을 갖고 있기 때문이다. 그러나 사춘기가 되면서 예민한 아이 특유의 여러 가지 감각적, 정서적 불편함과 이로 인해 학업에 집중하지 못하는 특징 때문에 아이는 불안해지고, 이런 불안이 내적·외적 양상으로 아이를 폭발하게 함으로써 부모와 더 많이 충돌하게 하는 것이다. 그렇다면 예민한 아이의 청소년기 학업 문제가 심각해지지 않게 하기 위해 부모는 어떻게 해야 할까?

아이가 예민한 경우, 부모는 어린 시기부터 너무 많은 양의 학습을 시키는 것을 경계해야 한다. 너무 많은 정보는 늘 과부하를 일으킨다. 특히 예민한 아이는 주어진 환경 속 정보를 하나도 놓치려 하지 않기에 처리해야 하는 정보의 양이 예민하지 않은 아이들보다 훨씬 많다. 물론 처리 시간도 훨씬 오래 걸린다. 그럼에도 부모의 기대에 부응하고자 빨리 처리하고자 하지만, 그 양이 많고 시간이 오래 걸리기에 에너지를 많이 쓸 수밖에 없게 된다.

그렇기에 예민한 아이의 학습과 관련해 부모가 늘 세심히 살펴야 하는 것은 '학습과 휴식의 균형'이다. 예민한 아이들은 자신만의 공간에서 충분히 쉴 수 있는 자유로운 시간이 그렇지 않은 아이들보다 더 많이 필요하다. 휴식 시간이 충분해야만 자신의 감각들을 다시 깨우고 새로운 정보에 생동감 있게 반응할 수 있는 준비를 할 수 있기 때문이다. 어린 시절 과도한 학습으로 그런 휴식 시간을 빼앗기게 되면 이는 사춘기와 청소년기에 부메랑이 되어 날아온다.

따라서 예민한 아이일수록 학습과 휴식을 면밀하게 살펴 너무 많은 양의 새로운 정보를 한꺼번에 경험하지 않게 해야 한다. 대신 하나씩 반복적으로 숙달시킴으로써 성취감을 유지할 수 있게 도와야 한다. 또한 아이 자신이 편안해 하고 즐거움을 느낄 수 있는 운동이나 활동을 찾아 예민함 때문에 생길 수 있는 스트레스를 적절히 발산할 수 있도록 해줘야 한다. 이에 더해 아이가 자신의 능력을 찾아가는 과정에서 완벽 추구라는 늪에 빠지지 않도록 학습에 대한 기대감을 유연하면서도 적절하게 조절하는 절제가 예민한 아이의 부모에게는 필요하다.

예민한 아이들은 기질적으로 공부를 잘하고 싶어 하는 욕구가 강하므로 이들이 학업을 잘 유지할 수 있도록 해주기 위해서는 부모가 더 많은 유연성을 가지고 아이를 대해야 한다. 예민한 아이의 부모는 재단사가 옷을 재단하는 과정에서 손님 치수에 맞게 천을 꼼꼼히 재단하듯 민감해야 하고, 옷을 손님의 취향에 맞춰 만드는 것처럼 유연해야 한다. 그럴 때 아이만의 예민함을 아이만의 몸에 맞출 수 있으며, 바로 그럴 때 아이만의 예민함은 기성복이 아닌 맞춤복처럼 아이만의 능력으로 변화할 수 있다.

예민한 아이를
키우는 데 필요한
스무 가지 지혜

1. 아이가 느끼는 모든 것을 존중해주어라

예민한 아이가 인지한 것을 무시하지 마라. 그러면 아이는 자신이 인지한 것을 더는 신뢰하지 않게 될 수 있다. 특히 아이가 신체적으로 인지한 것을 무시할 경우 신체 인지는 물론 그와 결부된 직관력까지 잃게 된다. 예민한 아이가 지닌 인지능력은 성공적인 삶을 사는 데 어마어마하게 이바지할 수 있는 특별한 재능임을 명심하라.

2. 아이가 인지한 것과 그로부터 추론한 것을 구별해라

여러분은 아이가 인지한 것과 그것으로 추론한 것을 구분해야 한다. 아이가 인지한 것은 의문의 여지가 없는 객관적 사실이다. 그러나 거기서 도출된 결론은 개개인의 관심사와 욕구, 거부감에 의해 달라지며 한 인간의 지식, 경험, 사고력에 따라서도 변한다. 아이는 이런 요소의 발달 수준이 아직 미흡하기 때문에 아이가 인지한 것에서 도출된 결론에 여러분이 반드시 동의할 필요는 없다.

3. 아이의 부정적인 감정까지도 존중해주어라

어떤 가정에서는 감정 표현을 막기도 한다. 흔히 예민한 아이는 분노를 폭발적으로 표출하기도 하는데 이는 자신이 추구하는 완벽성에 스스로 부응할 수 없을 때 나오는 좌절감의 표현이다. 이러한 감정도 받아들여 주어야 한다. 그래야만 아이는 자기 감정을 건설적이고 책임감 있게 조절하는 법을 배울 수 있다. 억압된 감정은 수용된 감정에 비해 통제하기가 더 어렵고 아이의 발전에도 큰 장애가 된다.

4. 부모와 아이 모두 감정의 노예가 되어서는 안 된다

예민한 아이의 감정을 결과와 의식적으로 분리해서 받아들여라. 아이가 짜증을 내는 것은 괜찮다. 그러나 그 짜증을 제삼자에게 쏟아내는 것까지 허락해서는 안 된다. 예를 들어 아이가 게임에 져 실망하는 것은 괜찮지만 이 때문에 다른 사람의 즐거움까지 망칠 권리는 없다. 이 두 가지를 정확히 구별하라. 그렇지 않으면 여러분은 아이의 감정에 휘둘리고 만다.

5. 아이가 자기 신체와 소통하도록 독려해라

예민한 아이는 자신의 신체도 다르게 대한다. 일부는 자기 신체가 감각한 것을 받아들이는 게 쉽지 않다. 아이가 신체가 인지한 것을 차단하려들면 자기 신체와의 소통을 잃을 위험이 있다. 그러나 집중력을 발휘하고 경계선을 설정하며 향후 삶에서 자신의 위치를 만들기 위해서는 자기 신체를 대하는 태도가 매우 중요함을 알려줘야 한다.

6. 벌주지 마라! 아이는 이미 실패만으로도 충분히 괴로워하고 있다

예민한 아이는 스스로에게 매우 엄격하다. 그래서 다른 사람의 잘못은 기꺼이 눈감아주면서도 자신의 실수는 절대 용납하지 않는다. 나아가 부모와 보육교사, 교사들이 기대하고 요구하고 금지하는 것도 너무 진지하게 받아들인다. 심지어 그들이 의도한 것보다 훨씬 철저하게 지키려 한다. 이런 아이가 실패를 겪었을 때 벌까지 내리는 것은 그야말로 잘못된 대처다. 벌을 받은 아이는 부모와의 접촉을 거부하거나 애정이 식어버리는 일도 발생한다.

7. 더 이상의 압박은 금물! 아이는 견딜 수 없어 한다

예민한 아이는 완벽성을 추구하느라 자신을 압박하는 일이 많다. 여기에 외부의 압력까지 더해지면 아이가 견딜 수 있는 수준을 넘어서게 된다. 예민한 성격을 지닌 부모도 마찬가지다. 최고의 엄마, 최고의 아빠가 되고자 하기에 아이에게도 높은 기대치를 들이댄다. 자신에 대한 아이의 기대치와 부모의 기대치는 서로 영향을 받아 더 큰 압력으로 작용한다.

8. 아이와 대화할 때는 눈을 들여다보아라

가정에서의 대화는 흔히 중구난방식이고 상호 간의 소통은 지나치게 적다. 아이와의 대화는 언어만으로는 부족할 때가 많다. 언어로만 되어 있는 대화에는 상호 인지가 결핍되어 있기 때문이다. 아이와 대화할 때는 아이의 눈을 들여다보아라. 아이가 여러분에게 무언가를 이야기하고 싶어 할 때도 마찬가지다. 아이의 말에 즉각 대답하거나 동의할 필요는 없다. 부모가 자신을 인지하고 있다는 사실 하나만으로도 아이에게는 많은 기적이 일어난다. 예민한 아이는 자신에게 이질감을 느끼는 일이 많으므로 이는 특히 중요하다. 아이를 인지하지 못한 부모가 아이의 경계선이 어디인지 어떻게 알 수 있겠는가?

9. 아이를 아무것도 할 수 없는 무능한 존재로 만들지 마라

아이를 도와줄 때는 말 그대로 도움을 주는 정도에서 그쳐야 한다. 예민한 아이가 있는 대다수의 부모는 자신의 아이에게 남다른 보호와 도움이 필요하다고 여긴다. 이 때문에 많은 부모가 당사자의 의견은 묻지도 않은 채 지나치게 자주, 그리고 섣불리 아이를 도우려 든다. 그러나 아이가 길을 좀 돌아가더라도 내버려두어야 할 때가 있다. 실수나 경험을 통해 스스로 겪어봐야 성장한다. 오로지 그 방식으로만 아이는 독립심을 배우고 독립적인 사람으로 성장할 수 있다. 부모는 단지 아이를 지지하며 비결을 전해주기만 하면 된다. 아이는 그중 무엇을 받아들일지 스스로 결정하고 자신의 경계선을 점차 확장해나갈 것이다.

10. 아이가 잘할 수 있는 것에 관심을 가지도록 해라

예민한 아이는 자기 신체와 거리를 두는 경우가 많다. 이는 보통 현실적으로 할 수 있는 것에 대한 판단 오류에서 비롯된다. 더불어 예민한 사람들의 전형적인 특징인 완벽성 추구도 하나의 원인이다. 부모는 아이가 잘 할 수 있는 것에 관심을 가지도록 해 도움을 줄 수 있다. 그러면 아이 스스로 과도한 기대를 품다가 결국 포기와 체념에 이르는 사태를 예방할 수 있다.

11. 비판하기보다는 아이와 함께 문제를 검토해라

예민한 사람에게는 약점과 결점을 섬세하게 감지하는 능력이 있다. 예민한 아이는 자신의 실수를 매우 심각하게 받아들인다. 동시에 자신이 잘해낸 것에 대해서는 쉽게 잊어버린다. 기본적으로 냉혹한 자아 비판가이기에 외부에서 약간의 비판만 가해져도 아이의 인내력은 한계치를 넘고 만다. 인지한 것 거리 두고 바라보기를 통해 부모와 아이는 객관적으로 검토할 수 있다.

12. 명확한 규칙과 영역, 경계선을 제시해주어라

예민한 아이를 둔 부모는 두 가지 상반된 양육방식 사이에서 딜레마에 빠지는 경우가 많다. 권위적인 옛 양육방식은 예민한 아이가 삶을 이끌어가는 데 필요한 특별한 재능을 잃어버리게 한다. 반면 아이에게 뭐든 허락하며 응석받이로 키우는 양육방식은 부모와 아이 모두에게 부담이 된다. 이런 딜레마는 오로지 새로운 깨달음과 관점을 얻어야 해결된다. 능력 발휘에 대한 기대치가 지나치게 낮거나 높아지는 것을 막으려면 부모는 예민한 아이에게 명확한 규칙과 영역, 경계선을 제시해주어야 한다.

13. 아이와 부모의 경계선은 상호 존중되어야 한다

직장 상사가 여러분의 담당 업무를 매일, 심지어는 매 시간 변경시킨다고 상상해보라. 두 명의 상사가 합일점을 찾지 못하면 이런 일이 발생할 수 있다. 부모가 아이에게 분명한 경계선을 설정해주지 못할 때 아이들이 느끼는 기분도 그와 같을 것이다. 여러분이 아이의 경계선을 인식하고 존중해준다면 아이는 경계선을 대하는 태도에 좋은 본보기를 얻게 된다.

14. 거리 두기를 통해 의식적으로 인지조절할 수 있도록 도와주어라

예민한 아이는 많은 것을 필요 이상으로 진지하게 받아들인다. 이들은 무엇이든 강렬하게 체험하며 한계를 정하는 일에도 어려움을 겪는다. 그래서 보통 모든 일을 실제보다 훨씬 민감하게 느낀다. 이런 아이들에게는 인지한 것에 의식적으로 거리를 두는 일이 필요하다. 거리 두기는 아이에게 새로운 깨달음과 더 큰 명확성을 부여해준다.

15. 아이를 독립적인 인간으로 존중해주어라

예민한 사람은 조화와 합일을 사랑한다. 이렇다 보니 예민한 부모는 예민한 아이에게서 자신과 유사한 특징들을 인지하고 장려하려 한다. 그러나 아이의 장래를 위해서는 부모가 아이를 독립적인 존재로 인정해주어야 한다. 예민한 아이 역시 부모가 발전하는 데 있어 넘어야 할 또 하나의 장벽임을 잊지 마라.

16. 조건 없이 아이를 받아주어라

부모가 아이를 조건 없이 받아줄 때 아이는 비로소 부모에게 의지하고 편안함과 포근함을 느끼게 된다. 이는 아이가 성장하고 발전하며 예민한 기질을 의미 있게 활용하는 데 있어 필수 요소다. 거부와 제한, 어떤 기준을 두고 비교하는 것은 아이를 약하게 만든다.

17. 아이에게 조건 없는 사랑을 주어라

아이 성장에 발전적인 영향을 미치는 방식으로 아이를 사랑하는 방법은 뭘까? 이들이 유년기에 받은 사랑은 '이렇게' 행동하라든가 '저렇게' 되라는 식의 조건과 결부될 때가 많았다. 조건과 결부된 사랑은 언제든 잃을 수도 있다는 생각 때문에 아이는 끊임없이 긴장 상태에 놓이게 된다.

18. 부모의 신뢰가 강한 아이를 만든다

아이에 대한 부모의 두려움과 걱정은 아이를 약하게 만들 뿐이다. 그 두려움 뒤에 어떤 좋은 생각이 숨어 있는지, 정말 아이를 위해 달성하고자 하는 목표가 무엇인지 스스로에게 물어봐라. 아이가 강해지고 발전하고 안녕하기를 원한다면 막연하게 두려움을 갖기보다는 아이를 위해 염원하는 바에 집중하기 바란다.

19. 부모로서 해야 할 역할에만 충실해라

예민한 부모는 은연중에 아이와의 지나친 합일을 갈망한다. 이 때문에 성인인 자신과 어린 자녀와의 차이를 망각하고 부모로서 해야 할 역할을 하지 않는다. 이런 경우 아이는 경계선과 명확한 길잡이, 의지할 곳을 찾아 나서는 과정에서 텅 빈 곳과 마주하고 방향을 잃게 된다.

20. 부모가 먼저 시작하라

부모의 정신 상태, 본보기는 예민한 아이에게 직접적인 영향을 미친다.
부모가 실천하지 않는 것을 예민한 아이의 뇌리에 심어줄 수는 없다. 부
모가 먼저 시작하는 것이 가장 중요하다.

예민한 아이를 둔 부모님을 위한 책

나는 이 책에서 구체적인 조언을 일일이 늘어놓기보다 기본 원칙을 제시하고자 했다. 구체적인 조언은 예민한 아이의 일상에서 벌어지는 특수한 상황에 직접 적용할 수 없는 경우가 많기 때문이다. 이런 조언의 유용성에는 한계가 있다. 심지어 이는 적절한 해결책을 찾는 데 도리어 방해가 되기도 한다. 반면에 기본적인 지식이나 관점, 방법 등이 더 가치 있다. 개별적인 상황에 맞는 적절한 해결책을 부모 스스로 찾아낼 수 있도록 도와줄 것이다.

개인적인 문제와 질문, 사례를 통해 새로운 지식을 쌓는 데 도움을 준 예민한 아이들의 부모님들께 감사드린다. 갈등을 해결하기 위해 나를 찾아준 예민한 기질의 상담자들에게도 감사를 전한다. 이들은 유년기에 자신의 본질을 부정당하고 주위에서 잘못된 방식으로 대해진 경우가 많았다. 이 연결점을 찾아내지 못했다면 이 책을 집필할 수 없었을 것이다.

이런 깨달음에서 한 권의 책이 탄생하기까지는 쾨젤 출판사에서 심리학과 현대인의 삶 분야를 담당하고 있는 우샤 스와미Usha Swamy 여사의 공로가 컸다. 스와미 여사는 예민한 아이들에 관한 책의 집필을 이어갈 수 있도록 동기부여를 해주었다.

또한 이 책의 편집 담당자인 지빌레 마이어^{Sibylle Meyer} 씨의 훌륭한 작업
에도 감사의 마음을 전한다.

롤프 젤린

예민함은 기질이다

이 책의 번역을 의뢰받았을 때 나는 '내 아이가 너무 예민해요!'라는 원서 제목만 보고 단숨에 이를 수락했다. 특별한 양육서인 이 책에 관심이 갔던 이유는 두 가지였다. 첫째는 내가 두 아이를 키우는 엄마였기 때문에, 둘째는 나 역시 저자 롤프 젤린처럼 예민한 기질을 타고났기 때문이다. 항상 내 입맛에 맞는 책만 번역할 수 있는 것은 아니라서 이처럼 독자 입장에서 관심이 가는 책을 만나는 것은 번역가에게 커다란 행운이다.

　어린 아이를 둔 엄마들이 으레 그렇듯, 나도 무의식중에 아이에게서 나 자신을 볼 때가 있다. 친구와 갈등을 일으키지 않으려 미리 양보하고, 불이 난 건물에서 연기가 피어오르는 광경을 본 뒤 며칠간 잠을 못 이루는 어린 딸을 보며 내 마음 한구석에는 '이 아이도 나처럼 예민한 성격이면 어쩌나……'라는 불안감이 없지 않았다. 어린 시절부터 예민한 기질 때문에 이런저런 어려움을 경험한 탓에, 내 아이만큼은 그런 마음의 짐을 지지 않기를 바랐다. 그래서 이처럼 예민한 기질을 다룬 양육서가 있다는 게 나로서는 무척이나 반가웠다.

　사실 처음에는 약간 미심쩍은 마음도 없지 않았다. 독일인들이 전반적으로 강한 기질을 가진 탓에 저자가 생각하는 예민함의 기준이나 의미가 한국에서 말하는 것과는 다를 수도 있다는 생각 때문이었다. 그러나 한 장 한 장 번역하다 보니 저자가 이야기하는 모든 것이 내 이야기처럼 와 닿아 감탄하지 않을 수 없었다. 본인의 경험을 바탕으로 오랫동안 고민하며 해결책을 모색해 왔음을 한눈에 알 수 있었다. 내 부모님이 일찍이 이런 책을 접했더라면 유년기에 부모님과 나 모두에게 큰 도움이 됐을 거라는 아쉬움도 들었다.

번역을 마친 뒤에는 내 아이가 예민한 성격이 아니기를 바라는 마음보다 오히려 약간의 예민함을 타고나는 것도 나쁘지 않다는 마음까지 생겼다. 나 자신이나 딸아이의 예민한 기질이 장점으로 작용한 적이 많다는 사실도 상기하게 되었음은 물론이다. 그렇게 관점을 바꾼 뒤에는 아이의 섬세하고 배려 깊은 성격이 긍정적으로 눈에 들어오기 시작했다.

예민한 아이에게 초점이 맞추어져 있기는 하지만 이 책은 모든 부모를 위한 기본 양육서로도 손색이 없다. 정도의 차이는 있어도 어떤 아이든 예민해지는 순간이 있기 마련이니까. 또한 이 책에서 다루고 있는 미디어 사용법, 독립심 기르기, 부모와 자녀 사이의 경계선 만들기, 진로 선택 문제 등의 주제는 기질을 떠나 모든 아이에게 중요한 요소이므로 예민하지 않은 아이를 둔 부모에게도 이 책이 매우 유익할 것이라고 확신한다.

문장을 짓는 일이 직업이다 보니 내게는 번역한 책이 출간되면 주제에 몰입하기보다 자아검열 하듯 번역한 문장 하나하나에 초점을 맞추어 읽어보는 습관이 있다. 하지만 독자의 눈으로 다시 읽어보게 되는 책은 많지 않다. 이 책은 내게 독자의 눈으로 읽게 될 소수의 역서 중 한 권이다. 독자의 입장에서 보니 한층 더 책임감을 갖고 번역에 임할 수 있었던 것 같다. 나와 비슷한 처지의 부모들에게 이 책이 도움이 된다면 번역한 보람도 두 배가 되리라 생각한다.

번역 작업을 시작한 것은 둘째가 돌도 채 되지 않았을 때였다. 꼭 번역하고 싶은 책이라는 말에 아낌없이 육아에 도움을 준 남편과 일하고 있을 때면 책상 맞은편에 앉아 그림을 그리며 기다려 준 큰딸에게도 고마운 마음뿐이다. 아이들을 돌보며 여유 있게 작업할 수 있도록 배려해 주신 출판사 관계자분께도 깊이 감사를 드린다. 예민한 독자 분들이 이 책을 읽고 자신을 긍정적인 눈으로 볼 수 있게 되기를, 그리고 예민한 아이의 기질에 맞는 자극과 독려를 해줄 수 있게 되기를 바라는 마음이다.

이지혜

문영희
은채, 은찬, 은율
세 아이의 엄마

성향이 다른 아이 셋을 키우면서 "참, 예민하다"라는 말을 많이 한 편이다. 하지만 이 말을 긍정적이기보다는 부정적으로 많이 사용했고, 예민함이라는 것에 대하여 오해를 하고 있었음을 알게 되었다. 무엇보다 부모의 예민함에 대해서는 생각조차 해보지 않았음을 알았다. 예민함은 결점이 아니고 장점이며, 어떻게 예민함을 잘 발달시켜주어 안정된 정신과 미래를 선물해줄 수 있는지도 알게 되었다. 다양한 사례와 아이 마음 다스리기 등을 통해 예민함과 예민한 상황을 좀 더 객관적으로 바라볼 수 있었다. 또한 예민한 아이와 나에 대해 여유를 가지고 더 많이 생각할 수 있는 기회였다. 앞으로 조바심내지 않고 자신을 사랑하고 타인을 이해하고 수용할 수 있는 사람이 되어야겠다.

이 책의 저자처럼 나 역시 아이의 까다롭고 예민한 기질로 인해 고민하는 엄마들을 많이 만난다. 엄마들은 아이의 예민한 기질을 어떻게 고쳐주어야 하는지 묻는다. 하지만 아이의 기질이 문제가 되기보다는 아이의 기질에 대한 부모의 부정적인 평가, 그리고 아이의 감정과 생각을 억압하는 부모의 방식이 문제인 경우가 많다. 자신이 느낀 것을 표현하지 못 하는 아이들은 건강할 수 없다. 이 책은 예민한 아이들이 세상을 어떻게 느끼는지, 그리고 이러한 예민함을 건강하게 발휘할 수 있도록 부모가 어떠한 역할을 해주어야 하는지 자세하고 구체적으로 다루고 있다. 예민한 아이에게만 있는 특별한 가능성을 발견하고 싶은 부모들에게 추천하고 싶다.

이다랑
민후 엄마

이아람
도윤, 다인
두 아이의 엄마

첫아이를 출산하고 육아를 시작하면서 세상에 이렇게 힘든 것도 있구나 했다. 그런데 아이가 돌이 지나고 자기 의사표현이 좀 더 명확해지니 훨씬 더 큰 난관에 봉착하게 되었다. 그 중 나를 가장 어렵게 했던 것은 바로 아이의 '예민함'이었다. 흔히들 말하는 까칠한 아이가 바로 내 아이라는 사실에 하루하루가 고민의 연속이었다. 시간이 해결해주겠지 마음먹고 아이가 원하는 것을 최대한 수용하고자 노력했다. 비록 화가 날지라도. 그렇게 키운 아이가 벌써 일곱 살이 되었다. 여전히 예민하고 까칠한 아이지만 이 책을 읽으면서 그런 내 아이가 특별한 능력을 가진 아이라는 것을 피부로 느끼며 엄마로서 흔들리지 않고 육아의 길을 다져나갈 수 있게끔 하는데 큰 힘이 되었다.

아이가 쓸데없이 고집을 부리며 까탈스러운 행동을 보일 때가 있곤 했는데 그것이 예민함을 표출하는 것이었다는 것을 이제야 알게 되었다. 그때 난 '아이의 마음을 아프게 했었구나' 하고 나 자신을 돌아보며 후회와 반성을 하게 되었다. 정도의 차이는 있겠지만 모든 아이에게는 예민함이라는 기질이 조금씩은 있을 것이다. 이 책은 다양한 기본원칙들을 설명하고 있어 아이가 고집을 부리거나 까탈스러운 행동을 할 때 상황을 더 악화시키지 않고 아이를 안정시켜줄 길잡이가 되어줄 것이다. 이젠 존중과 신뢰를 가지고 아이의 이야기에 귀 기울이며 같이 성장해가는 부모가 되도록 노력해야겠다.

조정아
소율 엄마

예민한 아이는 타고나는 기질이라서 그대로 받아들이고 존중해주어야겠다는 생각을 했다. 두 아이를 키우면서 두 아이 다 흔히 말하는 순한 아이였기 때문에 책을 통해 경험해 보지 못한 예민한 아이를 키우는 엄마들의 고충을 이해할 수 있었다. 예민한 아이는 순한 아이와 다른 무언가가 있는 것 같다. 그건 8년간 유치원 교사를 하면서 경험한 것으로도 알 수 있다. 어떤 아이들은 특히 완벽하길 원하며, 자신이 가진 것에 대해 확실하게 선을 긋는 부분이 많았다. 예민한 아이를 만나면 프로 엄마도 쉽지 않을 것이다. 이 책은 초보 엄마들도 예민한 아이를 이해할 기회를 갖게 해줄 것이다.

주선화
윤아, 승호
두 아이의 엄마

어렸을 때 어른들은 말씀하셨다. 모난 돌이 정 맞는다고. 어른이 되어보니 세상은 이런저런 모난 돌들이 함께 사는 곳이었다. 정도의 차이는 있지만 예민하다고 할 수 있는 '모' 한 구석 없는 사람은 없다. 예민한 기질을 가진 이들에 대한 이 책을 보며 숨기고 모른 척하던 내 모난 모습들을 보았고, 쉽게 판단하고 넘겨버리던 아이의 단면들을 돌아볼 수 있었다. 내 안의 나를 이제라도 제대로 바라보고 인정한다면 내 마음뿐 아니라 내 주변과 아이까지 함께 건강해질 수 있을 것이다. 모난 돌은 정을 맞아서는 안 된다. 그저 모난 돌 역시 그 모습 그대로 어울리며 살아가는 방법을 찾으며 어우러져 살아야 한다는 것을 이 책을 보며 느끼게 되었다.

한진선
찬우, 준우
두 아이의 엄마

예민한 아이의 특별한 잠재력

초판 1쇄 발행 | 2016년 5월 30일
초판 5쇄 발행 | 2020년 6월 15일

지은이 | 롤프 젤린
감수 | 이영민
옮긴이 | 이지혜
발행인 | 이종원
발행처 | (주)도서출판 길벗
출판사 등록일 | 1990년 12월 24일
주소 | 서울시 마포구 월드컵로 10길 56(서교동)
대표 전화 | 02)332-0931 | 팩스 · 02)323-0586
홈페이지 | www.gilbut.co.kr | 이메일 · gilbut@gilbut.co.kr

기획 및 책임편집 | 최준란(chran71@gilbut.co.kr) | 디자인 · 신세진 | 제작 · 이준호, 손일순, 이진혁
영업마케팅 · 진창섭, 강요한 | 웹마케팅 · 조승모, 황승호
영업관리 · 김명자, 심선숙, 정경화 | 독자지원 · 송혜란, 홍혜진

편집진행 및 교정 · 원미연 | 전산편집 · 수디자인 | 일러스트 · 최미란
독자기획단 2기 · 문영희, 이다랑, 이아람, 조정아, 주선화, 한진선
CTP 출력/인쇄 · 교보피앤비 | 제본 · 경문제책

- 잘못된 책은 구입한 서점에서 바꿔 드립니다.
- 이 책에 실린 모든 내용, 디자인, 이미지, 편집 구성의 저작권은 길벗과 지은이에게 있습니다.
  허락 없이 복제하거나 다른 매체에 옮겨 실을 수 없습니다.

ISBN 979-11-87345-14-5 03590
(길벗 도서번호 050111)

독자의 1초를 아껴주는 정성 길벗출판사

⫷ (주)도서출판 길벗 ⫸ IT실용, IT/일반 수험서, 경제경영, 취미실용, 인문교양(더퀘스트), 자녀교육 www.gilbut.co.kr
⫷ 길벗이지톡 ⫸ 어학단행본, 어학수험서 www.gilbut.co.kr
⫷ 길벗스쿨 ⫸ 국어학습, 수학학습, 어린이교양, 주니어 어학학습, 교과서 www.gilbutschool.co.kr

⫷ 페이스북 ⫸ www.facebook.com/gilbutzigy
⫷ 트위터 ⫸ www.twitter.com/gilbutzigy

〈독자기획단이란〉 실제 아이들을 키우면서 느끼는 엄마들의 목소리를 담고자 엄마들과 공부하고 책도 기획하는 모임입니다. 엄마들과 함께 고민도 나누고 부모와 아이가 함께 행복해지는 자녀교육서, 자녀 양육과 훈육의 실질적인 지침서를 만들고자 합니다.